建筑工程施工工法编写指导

张希舜　主编

中国建筑工业出版社

图书在版编目（CIP）数据

建筑工程施工工法编写指导/张希舜主编．—北京：中国建筑工业出版社，2010（2021.11重印）

ISBN 978-7-112-11690-4

Ⅰ．建…　Ⅱ．张…　Ⅲ．建筑工程-工程施工-建筑规范-写作-中国　Ⅳ．TU711-65

中国版本图书馆CIP数据核字（2009）第237656号

建筑工程施工工法编写指导

张希舜　主编

*

中国建筑工业出版社出版、发行（北京西郊百万庄）

各地新华书店、建筑书店经销

北京嘉泰利德公司制版

北京建筑工业印刷厂印刷

*

开本：787×1092毫米　1/16　印张：8¾　字数：212千字

2010年5月第一版　　2021年11月第三次印刷

定价：**29.00**元（含光盘）

ISBN 978-7-112-11690-4

（18942）

本书详细地介绍了建筑施工工法的基本知识、编写方法及应用实例。包括工法的由来与发展、工法的编写、工法的申报、工法的审定与管理、施工工法的特点、施工工法的作用、施工工法示例等内容，在施工工法示例中，按建筑工程、安装工程、节能工程、特殊工程列举了分部分项工程的工法实例，具体地介绍了工法的编写及应用，涉及工程质量、安全、材料、工艺、机具、管理等方面，实践性强，具有较强的指导和参考作用。书后光盘中收录了大量的分部分项工程的施工工法实例，供读者参考。

本书可作为土建施工技术人员、施工人员技术学习用书，也可作为大专院校施工专业师生教学参考资料。

*　　　*　　　*

责任编辑：郦锁林　赵晓菲
责任设计：崔兰萍
责任校对：赵　颖

前　言

建筑施工工法已成为建筑工程施工质量验收规范的支持体系中的重要组成部分，是施工企业资质就位与考核的标准。对施工企业来说，施工工法是企业技术业绩积累、科技进步的重要内容，是企业员工素质水平的主要体现。为提高施工企业的技术素质和管理水平，促进企业进行技术积累和技术跟踪，调动广大职工研究开发和推广应用施工新技术的积极性，逐步形成使科技成果迅速转化为生产力的施工技术管理新机制，1988年，建设部施工管理司提出要在全国施工企业中逐步建立工法管理制度。

经过20余年的努力，建筑工程施工工法得到了大力推广，取得了很大的成绩，为建筑施工企业乃至整个建筑业，创造了显著的技术经济效益和社会效益。为此，住房和城乡建设部将其列为企业科技管理的一项重要内容，各省（市）建筑主管部门将其作为施工企业评定奖项考核实力的指标之一。

然而，建筑施工工法的推广应用还不够广泛，仅仅是在大型建筑施工企业中推行，而大多数中小型建筑企业尚未引起重视。很多企业对工法知之甚少，有的还十分陌生，不知道什么是施工工法，甚至认为施工工法的编制是国家法制部门的事，与建筑施工企业无关。对此笔者十分着急，在质量认证和技术培训中反复介绍这方面的知识。笔者20年来孜孜不倦地宣传、推广、应用施工工法，并亲自编写了60余项施工工法，其中有40余项被评为省级工法，积累了丰富的经验，掌握了大量素材和资料，特编写此书供建筑施工企业及有关人员学习借鉴，提高建筑施工工法的整体水平，为建筑施工工法的推广应用作些贡献。本书详细地介绍了建筑施工工法的由来与发展，施工工法的重要作用以及如何编写工法，并列举了大量分部分项工程的工法实例，为广大工程技术人员编写工法提供帮助。本书及所附光盘中所收录的施工工法涉及工程质量、安全、施工、建材、管理、预算成本、机具设备等诸多方面，且时间跨度大，专业门类多，可作为窗口使广大工程技术人员了解建筑工程技术与经济的发展，以及当前建筑施工的现状，并对建筑施工教学、科研和工程监理、工程项目管理提供有益的参考，亦可作为大专院校的教学资料。

本书由济南同圆项目管理公司张希舜主编，济南同圆项目管理公司邹方宇、济南致远咨询有限公司张庆功担任副主编。参与本书编写和资料收录的人员有：济南同圆项目管理公司谷安山、田汝明、张燕、高媛、刘春华、王瑞太、李文东、李振申、张依忠、罗姝红，济南村镇建设服务中心吕雷，济南同圆建筑设计院徐世忠，济南市中教育局闫玉本，济南市建委崔兆林、王国富、李桂珍、马全安、崔庭国，济南高新控股公司梁爱国、于法师，济南建正工程检测公司马传美，济南建工集团崔庆会、李占国、李小妹，济南一建集团倪家平、郭燕，山东省建筑工程局张广奎、李伟，山东金质信息技术有限公司张庆鑫，山东建筑大学教育置业集团崔鹏，铁道部石家庄车辆厂邱力，北方铁路机械厂张希望，山东三箭集团徐兴振，山东正元勘察公司罗亚飞，山东三强监理公司徐红美、王伟，山东黄金地产有限公司张卫东、樊兆鹏，中建八局，江苏一建、杨德基、张志强等。

本书在编写过程中，参考了相关专家总结的宝贵资料和工作经验，在此表示衷心谢意。主编张希舜系全国建筑业优秀项目管理者、山东省科技创新人才、山东省建筑科技进步先进工作者、山东省建筑施工专家，尽管为本书作了几十年的积累和很大努力，但终因水平有限，且建筑工程施工工法涉及的范围和专业内容十分广泛，很难面面俱到，本书中难免有不妥、疏漏，甚至错误之处，敬请同行赐教，提出批评指正，不胜感谢。

目　录

1 工法的由来与发展

1.1 工法概念

所谓施工工法，其严格的科学定义是：工法是以工程为对象，工艺为核心，运用系统工程原理，把先进技术和科学管理结合起来，经过工程实践形成的综合配套的技术应用方法。它必须具有先进、实用，保证质量与安全，提高施工效率，降低工程成本等特点。

工法用数学模式表达为：GF（工法）=［（GC（工程）+GY（工艺））×KG（科学管理）］×XT（系统工程）。它具有以下几个特征：

（1）工法的主要服务对象是施工。它来自工程实践，并从中总结出确有技术、经济与社会效益的施工规律与价值，又回到施工组织设计实践中去应用。因此，工法具有很强的针对性、实践性与实效性。

（2）工法不是单纯的施工单项技术，而是技术与管理的有机结合、综合配套的施工技术。编写工法不仅有工艺特点（原理）、工艺程序，而且应有配套的材料机具、质量标准、劳动组织、安全要求与经济技术指标等内容。

（3）工法是运用系统工程原理和方法总结出来的施工经验，具有较强的系统性、科学性和实用性。对于建筑群或单位工程来讲，可能是大系统；针对分部分项工程而言，可能是子系统，但必须是一个整体，施工方法可以用不同系统进行编写。因而简单地概括为：工法就是用系统工程原理总结起来的、综合配套的施工方法。

（4）工法的核心是工艺，其中的材料、机具、劳动组织、质量安全及检查控制乃至成本效益等都是为工艺服务的。因此，工法的实用性、可操作性很强。在工法编写中，要求把工艺原理、工艺流程和操作要点作为重点来阐述。

（5）工法是企业标准的重要组成部分，是施工经验的总结与提炼，是企业的宝贵技术财富，既为操作层使用，也为管理层服务。甚至可以作为企业的一大优势为工程投标，参与市场竞争服务。因此，工法又具有较强的规范性与权威性。

（6）工法已列为工程建设施工验收规范的支持体系之一，因此，工法对工程质量的核验起着重要作用。

1.2 工法的由来与发展

1.2.1 由来

工法一词来自日本，日语为こぅほう（《建築大辭典》日本东京彰国社出版，第501页）。这个词由来已久。当建筑业还处于手工操作时期，就已使用工法一词了。它与我国的施工技术、施工方法一样，是专有名词，习惯叫法。日本已把工法一词列入建筑大字典，含义是“建造建筑物（构筑物）的施工方法或建造方法”。日本的《国语大辞典》则把工法解释为“工艺方法和工程方法”。日本建设省的官员、科技界和工程技术人员认为工法是一种泛指，词义并不严格，大体包括新的工程结构构造、设备、材料和新的工艺方法。如清水建设公司20世纪80年代开发的《钢管混凝土工法》，包括钢管混凝土构造、力学特性、设计方法、连接处理、钢材选用及现浇混凝土施工法等。鹿岛建设公司开发的《锚钩工法》（即土杆技术），其用意是防止建筑物上浮，也可作深基坑施工的支挡，关键是解决抗拔力和耐腐蚀问题，同时也包括液压设备在土（岩）层中钻孔、穿索、预应力张拉、灌浆等工艺与设备。这两项是大的工法。小的工法也可能是分项工程的施工方法。如《刚盘的连接工法》（气体压力焊工法、冷压接工法、精致螺纹连接工法等）。他们还往往用英文字头取代工法的名称。如“粉体喷射搅拌工法”，简称“DTm工法”；“分次投料搅拌工法”为“SEC工法”；“钢筋冷压接工法”为“TS工法”。在日本建设企业中研究开发和使用工法非常普遍，1983年出版的《土木工法字典》和《建筑工法字典》是八开本的，有一千多页。建筑工法字典收录了从暂设工程、土方、基础、钢筋、混凝土、防水到装饰工程等，共25章，一百余节，内容非常广泛，真可谓是无所不包。

在日本还有一个词叫构法，词义与工法有些相近。字典上对构法的解释是“建筑物（构筑物）的构成方法”。也有称是“构造方法”。工法与构造实际上很难区分。字典上讲广义的工法可包括构法，而实际使用上有时构法包括工法。因为构造方法有时是针对建筑结构体系与构造处理，服务于设计，而有些大的工法可相当于施工方案，决定整个建筑物（构筑物）的设计计算与施工，如钢管混凝土工法等。施工工法已成为日本工程建设中的一个专用名词，一直沿用至今，并作为考核企业和施工管理中的重要内容。

和工法相近的词义在英、美有Construction method（施工方法）和System（体系）；法国比较流行的有Technological（工艺）；也有用Technical（技术）的。各国间称呼虽然不尽相同，其含义差别不大，记号意义也不很严格。但对于新技术（工艺、工法、方法、体系等）有关企业都非常重视。为避免不必要的混乱，政府还委托半官方或权威机构对其可靠性进行必要的评定，以确保工程使用安全。

工法一词对我国广大工程技术人员来说并不陌生，在1978～1988年改革开放十年间，我国引进的技术中也包括许多工法。上海宝钢工程施工中从地基处理、深基础施工、混凝土和钢结构技术以及设备安装等，有许多日本的新工法。参加宝钢建设的宝冶、五冶等建设公司，早在数年前就开始组织编写工法。上海市建工局在1982年就提出要加强工法的研究与开发。他们从总结装饰混凝土分部工程的施工经验入手，统一对设计、施工、机具、操作方法进行综合的研究与开发，从而创造了装饰混凝土工法，并在20多幢高层建筑上应用，获得了很好的效果。类似的例子还可以举出不少，这说明20年前工法在我国工程技术人员中已有一定的基础。

1.2.2 发展

施工工法已成为许多发达国家工程建设中的依据与重要标准，推行施工工法为这些国家的工程建设发挥了重要作用，创造了巨大经济、社会效益，因此得到了广泛应用和迅速发展，已成为建设法规与工程建设的组成部分、建设施工企业必须遵循的准则。

我国的工法施行起始于1984年，这主要是鲁布革工程对我国传统施工管理模式的冲击，作为我国施工企业学习鲁布革工程管理经验的一项重要内容，是推广项目法施工相配套的产物。为了推行工法管理制度，主要进行了以下几个方面的工作：

（1）1988年春，印发了《关于在推广鲁布革工程管理经验试点企业试行工法制度的有关事项的通知》，决定在18家企业学习鲁布革工程管理经验的试点企业中先行一步，以便取得编制工法与工法管理的实际经验。同时，在同年10月建设部施工管理司委托冶金部建设研究总院编辑《土木建筑工法实例选编》一书，精选了土木建筑工程工法57例，作为施工企业了解工法编写工法的参考。同年第3季度，又分别按地区、部门召开了三次座谈会。会上，一方面，对工法试点情况进行总结；另一方面，对草拟的试行管理办法广泛征询意见。根据与会同志的意见，建设部于1989年11月印发了《施工企业实行工法制度的试行管理办法》，这是实行工法制度的主要依据。

（2）1990年，各地区、各部门依据《施工企业实行工法制度的试行管理办法》的要求与自身的特点，有的先在大、中型企业中试点，有的则要求全面推开。由于工法是一个新的词汇，有不少工程技术人员还不十分理解。自1990年4~5月份起，各地纷纷举办研讨班、学习班，以进一步搞清工法的含义、编制方法，讨论贯彻工法管理办法的实施步骤。《施工技术》、《建筑技术开发》、《建筑施工》等专业技术刊物也相继开辟了工法专栏，经常刊登工法实例。有些试点企业则向实施工法的更高目标攀登。如中国化学工程总公司非常重视工法的编制与管理，做到了思想发动充分，工程技术人员认识比较一致，组织所属企业编写工法的基础上，分别评选出总公司级工法15项和19项；同时，又抓住了工法的推广与应用。北京市建筑工程总公司1989年颁发了18项工法；1990年北京市第五建筑工程公司又整理出建筑结构施工方面工法46项。1991年以后，工法的编制和应用工作正由点到面逐步推开。有的大中型施工企业对工法的编制和应用也渐渐习惯，趋向正常。

我国工法的施行情况及工法管理制度的发展情况，大致经历了第一阶段（1984~1989年）学习宣传阶段；第二阶段（1990~1996年）工法试行阶段；第三阶段（1996至今）成熟发展阶段等三个阶段。分别介绍如下：

（1）第一阶段（1984~1989年）：学习宣传阶段

我国的工法制度是在学习贯彻鲁布革工程管理经验的同时提出来的。追溯工法的历史，不能不回顾鲁布革工程的情况。

鲁布革水电站位于我国云南省罗平县境内，距昆明320km，是红水河流域南盘江支流黄泥河最下游的一个梯级电站，装机容量4×15万kW，工程总投资8.9亿元。饮水系统是电站的三大子系统工程之一，是我国第一个利用世界银行贷款实行国际招标的大型工程项目。隧洞全长9km，衬砌后内径8m，工程标底1.496亿元。经过激烈的竞争，日本大成建设公司以低于标底的8463万元中标，工程由大成建设公司承包，我国水电14局提供劳务。1984年11月开工，1988年12月竣工，施工中以精干的组织、科学的管理、适用的技术，达到了工程质量好、用工用料省、工程造价低的显著效果，创造了隧洞施工国际一流水平，成为我国第一个国际性承包工程的“窗口”，引起了社会各界的关注与思考，形成了强大的“鲁布革冲击”。党中央、国务院和有关主管部门的领导同志对总结推广鲁布革工程管理经验极为关注。1987 年，国家计委、体改委等五部门联合发出通知，要求全国施工企业认真学习鲁布革工程管理经验，深化施工体制改革，并确定 19 家施工企业为首批学习鲁布革工程管理经验的试点企业。日本大成建设公司在鲁布革工程中取得如此巨大的成绩，除了有良好的工程管理经验外，工程中采用了许多适用的先进技术也是一个很重要的原因。这些技术中有不少是大成公司所特有的工法。例如：1）输水隧洞采用“圆形全断面一次开挖工法”。该工法彻底改变了我国输水隧洞的传统做法（即先开挖成马蹄形断面，待成洞后又将两个边角用混凝土填上）。而圆形全断面一次掘进每延米既可少挖石方 $7m^3$，又可少用等量的混凝土回填，仅此一项即可节省工程费用 228 万元；输水隧洞圆形全断面开挖工法施工中采用钻爆法合理布孔，毫秒雷管、光面爆破、清渣、支护等一系列适用技术，使隧洞的平均超挖量只有 170mm，远低于我国平均超挖 250mm 的水平。从而使隧洞衬砌少用混凝土近 10 万 m^3，节约工程费用 1230 万元；2）混凝土拌制采用“分次投料搅拌工法”（即 SEC 工法，我国也有称“二次投料”、“裹砂混凝土”）。采用 SEC 工法拌制的混凝土黏稠性好，喷射混凝土的回弹率显著减少，混凝土性能大大改善。在相同等级下（如 C20），分次投料搅拌的混凝土可比传统方法搅拌的混凝土每立方米平均少用水泥 70kg。鲁布革引水系统工程预算水泥用量 9. 8 万 t，采用“分次投料搅拌工法”等节约水泥措施后，实际只耗用水泥 5. 2 万 t，仅相当于原预算的 53%，整个工程节约水泥获得的经济效益达 850 万元，仅此两项技术就节约了工程造价 2070 万元。由此可见，推广应用先进的适用工法可取得巨大的经济效益和社会效益。

鲁布革工程是我国第一个利用世界银行贷款建设的大型工程建设项目，又是第一个实行用招投标方式决定工程承包单位的项目。大成建设公司承包取得了优异的成绩。鲁布革工程在我国工程建设中信誉极高，影响深远，中央领导同志也一再指示要认真学习。这样，学习鲁布革工程管理经验与日本先进的工法也就应运而生了。

（2）第二阶段（1990 ~ 1996 年）：工法试行阶段

经过第一阶段对鲁布革工程经验的学习及工法的试行，形成的工法同样适用于我国建筑业的工程施工与技术管理。20 世纪 80 ~ 90 年代，我国工程技术人员在总结施工经验时普遍感到，如果用工艺标准、操作规程的方式表述难以满足多方面需要，而规范、规程又太高、太原则了。因此，出现了像“模板施工成套技术”、“大直径灌注桩施工成套技术”等叫法。“施工成套技术”能较准确地反映施工过程中相互关联的有关环节，如工艺技术、施工组织与管理、机具设备以及必要的技术经济方面的内容，能较系统地表述施工技术的内在规律。基于这个考虑，我们将国外的经验为我所用，吸取了工法的外延，赋予了工法以新的内涵，从而形成了我国所特有的工法管理制度。

在《施工企业实行工法制度的试行管理办法》中，对工艺赋予了严格的、科学的定义，这就是：以工程为对象，工艺为核心，运用系统工程原理，把先进技术和科学管理结合起来，经过工程实践形成的综合配套的施工方法。从这个定义出发，工法有以下几个特征：工法的主要服务对象是工程建设，是施工，而不是其他方面的东西。它来自工程实践，并从中总结出确有经济效益和社会效益的施工规律性，又要回到施工实践中去应用，为工程建设服务。这就是工法的针对性和实践性所在。

1）工法既不是单纯的施工技术，也不是单项技术，而是技术和管理相结合、综合配套的施工技术，编制工法不仅有工艺特点（或原理）、工艺程序，而且有配套的机具、质量标准、劳动组织与技术经济指标等，综合地反映技术和管理的结合，内容上接近于“施工成套技术。”

2）工法是用系统工程原理和方法总结出来的施工经验，具有较强的系统性、科学性和实用性。系统有大有小，工法也有大小之分。如针对建筑群或单位工程的，可能是大系统；针对分部或分项工程的，可能是子系统，但都必须是一个整体。因此，概括地说，工法就是用系统工程原理总结起来的综合配套的施工方法。

3）工法的核心是工艺，而不是材料、设备，也不是组织管理。《土木建筑工法实例选编》中的“软黏土深层搅拌加固工法”，就是利用水泥与软黏土搅拌，水化后可获得强度的原理来加固软土地基，这种加固地基的方法是利用水泥作固化剂，通过特制的深层搅拌机械，在地基深部将软黏土与水泥浆强制拌合，使软黏土硬结成具有一定强度的水泥加固土，从而提高地基的承载力。用深层搅拌工艺加固软土地基是该工法的核心，至于采用什么样的机械设备，如何去组织施工，以及保证质量、安全措施等，都是为了保证工艺这个核心的顺利实施。

4）工法是企业标准的重要组成部分，是施工经验总结，是企业的宝贵技术财富，并为管理层服务。工法应具有新颖性、适用性，从而对保证工程质量，提高施工效率，降低工程成本有重大的作用。

（3）第三阶段（1996 年～至今）：迅速发展阶段

施工工法在经过了 20 世纪 80 年代末至 90 年代初十多年的试行后，积累了丰富的经验，施工企业也从工法积累与编写中获得了显著的技术与经济效益，因此施工工法逐渐由被认知到自觉去掌握，去实施。特别是 1996 年建设部颁布了《建筑施工企业工法管理办法》（建筑［1996］163 号文），该项文件对施工工法的编制、申报、审定、公布、推广应用、考核与奖励等作了相应的说明与规定，这对施工工法的发展提供了法规依据和科学有序的编写方法，尤其是对施工工法作为考核与奖励的规定，有力地激发了施工企业和广大工程技术人员参与编写与实施工法的积极性，焕发出了前所未有地编写施工工法的主动性与热情，几乎每年都有一大批施工工法出台。自 2000 年以来，建设部每年公布的国家级工法均在百项左右，各省市也都有几十项甚至百余项形成省级工法。以山东省为例：2007 年颁布的省级工法达 163 项，2008 年申报的施工工法为 283 项，经审定批准公布的达 155 项，2009 年申报施工工法为 514 项，批准公布为 214 项，创造了历史最高记录。同时，涌现出了大批施工工法编写先进企业和个人。许多建筑施工企业因此被评为科技进步先进单位，许多工程技术人员被评为科技进步先进工作者，在职称职务晋升与评审中获得实惠。又由于施工工法等同于施工技术标准，也有一批技能操作人才通过参与施工工法的编写而被省（市）劳动部门评为技师、高级技师、有突出贡献技师、首席技师，享受相应待遇。整个建筑业呈现出工法编写与申报的良好氛围，极大地促进了施工工法向更好更有效的方向发展，形成了建筑业一大特点与靓丽的风景线。

实际上，我国施工企业在长期的工程实践中积累了丰富的经验。但由于管理体制和经济政策等种种原因，广大职工和工程技术人员的积极性并没有充分地调动起来，企业的技术素质和管理水平提高不快。特别是前几年，建筑市场过热，相当一部分施工企业用粗放经营、扩大外延的办法提高施工能力。大量使用低技能的农民工，增加在施面积。用放松管理、不讲科学的办法虽然完成了施工任务，企业的整体素质、管理水平却反而下降了。企业重生产、轻管理、轻技术、追求眼前利益的现象随处可见。为了完成施工任务，企业往往要组织技术攻关，重视一次性突破，工程结束了，人也就散了，下次碰到类似的技术还得从头开始。企业不善于技术积累和技术跟踪，很难形成具有本企业特色的综合配套的新技术。企业工程实践经验很丰富，但很难拿出几份像样的材料来，有时甚至工程结束了，总结却拿不出来。工程技术人员整天忙于现场，很少有机会看书、写文章。久而久之，文字表达能力一般都低于自己的实际工作能力。针对上述问题，工法制度试行管理办法的第一条就明确指定："为提高施工企业的技术素质和管理水平，促进企业进行技术积累和技术跟踪，调动广大职工研究开发和推广应用施工新技术的积极性，使科技成果迅速转化为生产力，以逐步形成施工技术管理新机制，特制定本办法。"这就是建立工法制度的目的。再扼要一点说，就是要通过总结施工经验，积累本企业宝贵的技术财富，在工程实施中贯彻，推动企业的技术进步。试行这项制度以来，有不少地区和部门已进行了一些尝试和探索，多数认为这是一条花钱少、收益多的路子，特别适合于经济调整时期，可以为下一步的技术发展作好准备。中国化学工程总公司经历了两年的工法试行后，一方面继续组织所属企业继续编写工法，一方面抓工法的应用。第十二化建公司于 1990 年在哈依煤气工程设备安装时，由于采用了"低温钢管道焊接工法"，使射线探伤一次合格率达到 92%，受到国内外专家的好评；第九、第十三化建公司，由于推广了"铱—192T 射线整体透照探伤工法"，显著提高了工作效率。

在经济发达国家和地区，企业非常重视技术和技术进步。为使企业在激烈的竞争中立于不败之地，唯一的办法就是依靠技术进步。为了使企业得到发展，他们不惜花重金去研究开发新技术，购买专利或诀窍。政府对技术工作主要是管理的职能，如制定一些政策、法规和规定，疏导竞争秩序，以防止混乱。对新技术、新产品的管理，也有一套完整的认证办法与制度（政府委托半官方机构或民间的权威单位，对技术的可靠性进行认真的审核、评定和认定）。经规定程序认定的项目都要发表公告，并允许在工程上应用。日本各大建设企业都拥有很强的研究开发机构，企业不惜花巨资装备研究所，开发新工法。凡对原有技术有突破的开发项目，企业还要向日本建筑中心申请评定和建设省的认定。每次评定申报费约 100 ~ 200 万日元（折人民币 3 ~ 6 万元）。即便如此，企业还是千方百计地要求申报与认定。因为政府规定只有经过评定、认定的新技术（新工法），才允许在承包的相应的工程中应用，而且企业经政府认定的项目愈多，企业的声誉愈高。

2 工法的编写

2.1 编写依据

2.1.1 法律法规

我国已颁布的主要建筑施工法规：

(1) 国家法规

1)《中华人民共和国建筑法》；

2)《建设工程质量管理条例》(2000)；

3)《建筑工程安全生产管理条例》(2004)；

4)《中华人民共和国环境保护法》；

5) 建筑安装工程资料管理规定。

(2) 地方法规

1) 山东省及济南市建设工程质量管理条例；

2) 山东省及济南市施工现场管理有关文件。

2.1.2 技术规范、规程

(1) 国家现行的主要施工技术规范

1)《建设工程监理规范 》(GB 50319—2002)；

2)《建设工程项目管理规范》(GB/T 50326—2006)；

3)《建设工程文件归档整理规范》(GB/T 50328—2001)；

4)《建筑工程施工质量验收统一标准》(GB 50300—2001)；

5)《建筑地基基础工程施工质量验收规范》(GB 50202—2002)；

6)《砌体工程施工质量验收规范》(GB 50203—2002)；

7)《混凝土结构工程施工质量验收规范》(GB 50204—2002)；

8)《钢结构工程施工质量验收规范》(GB 50205—2001)；

9)《屋面工程施工质量验收规范》(GB 50207—2002)；

10)《地下防水工程质量验收规范》(GB 50208—2002)；

11)《建筑地面工程施工质量验收规范》(GB 50209—2002)；

12)《建筑装饰装修工程质量验收规范》(GB 50210—2001)；

13)《建筑给水排水及采暖工程施工质量验收规范》(GB 50242—2002)；

14)《通风与空调工程施工质量验收规范》(GB 50243—2002)；

15)《建筑电气工程施工质量验收规范》(GB 50303—2002)；

16)《智能建筑工程质量验收规范》(GB 50339—2002)；

17)《电梯工程施工质量验收规范》(GB 50310—2002)；

18）《地下工程防水技术规范》（GB 50108—2008）；
19）《屋面工程技术规范》（GB 50345—2004）；
20）《建筑节能工程施工质量验收规范》（GB 50411—2004）；
21）《混凝土外加剂应用技术规范》（GB 50119—2003）；
22）《普通混凝土拌合物性能试验方法标准》（GB/T 50080—2002）；
23）《混凝土强度检验评定标准》（GBJ 107—87）；
24）《锚杆喷射混凝土支护技术规范》（GB 50086—2001）；
25）《组合钢模板技术规范》（GB 50214—2001）；
26）《砌体工程现场检测技术标准》（GB/T 50315—2000）；
27）《建筑边坡现场检测技术标准》（GB 50330—2002）；
28）《冷弯薄壁型钢结构技术规范》（GB 5018—2002）；
29）《土方试验方法标准》（GB/T 50123—1999）；
30）《建筑物电子信息系统防雷技术规范》（GB 50343—2004）；
31）《电梯制造与安装安全规范》（GB 7588—2003）；
32）《高空作业吊篮》（GB 19155—2003）；
33）《民用建筑工程室内环境污染控制规范》（GB 50325—2001）；
34）《工程测量规范》（GB 50026—2007）；
35）《建筑物与建筑物群综合布线系统工程验收规范》（GB/T 50312—2000）；
36）《电气装置安装工程母线装置施工及验收规范》（GBJ 149—90）；
37）《电气装置安装工程盘、柜及二次回路线路施工及验收规范》（GBJ 50171—92）；
38）《电气装置安装工程电缆线路施工及验收规范》（GBJ 50168—92）；
39）《电气装置安装工程电力变压器、油浸电抗器、互感器施工及验收规范》（GBJ 148—95）；
40）《民用闭路电视系统工程技术规范》（GB 50198—94）；
41）《有线电视系统工程技术规范》（GB 50200—94）；
42）《建筑工程施工现场供用电安全规范》（GB 50194—2005）。
（2）行业现行的主要施工技术规程
1）《高层建筑混凝土结构技术规程》（JGJ 3—2001）；
2）《建筑工程大模板技术规程》（JGJ 74—2001）；
3）《钢筋焊接及验收规程》（JGJ 18—2003）；
4）《钢筋焊接接头试验方法标准》（JGJ/T 27—2001）；
5）《冷扎带肋钢筋混凝土结构技术规程》（JGJ 95—2003）；
6）《钢筋机械连接通用技术规程》（JGJ 107—2003）；
7）《钢筋焊接网混凝土结构技术规程》（JGJ 114—2003）；
8）《钢筋锥螺纹接头技术规程》（JGJ 109—96）；
9）《冷扎扭钢筋混凝土结构技术规程》（JGJ 115—97）；
10）《钢结构高强度螺栓连接的设计施工及验收规程》（JGJ 82—91）；
11）《冷拔钢丝预应力混凝土结构设计与施工规程》（JGJ 19—92）；

12）《建筑钢结构焊接技术规程》（JGJ 81—2002）；
13）《预应力筋用锚具、夹具和连接器应用技术规程》（JG J85—2002）；
14）《普通混凝土用砂质量标准及检验方法》（JGJ 52—92）；
15）《普通混凝土用碎石或卵石质量标准及检验方法》（JGJ 53—92）；
16）《混凝土泵送施工技术规程》（JGJ/T 10—95）；
17）《混凝土小型空心砌块建筑技术规程》（JGJ/T 14—95）；
18）《建筑基桩检测技术规范》（JGJ 106—2003）；
19）《建筑地基处理技术规范》（JGJ 79—2002）；
20）《建筑涂饰工程施工及验收规程》（JGJ/T 29—2003）；
21）《施工企业安全生产评价标准》（JGJ/T 77—2003）；
22）《建筑施工安全检查标准》（JGJ 59—99）；
23）《建筑施工扣件式钢管脚手架安全技术规范》（JGJ 130—2001）；
24）《建筑施工门式钢管脚手架安全技术规范》（JGJ 128—2000）；
25）《建筑机械使用安全技术规程》（JGJ 33—2001）；
26）《建筑施工高处作业安全技术规范》（JGJ 80—91）；
27）《外墙饰面砖工程施工及验收规程》（JGJ 126—2000）；
28）《玻璃幕墙工程质量验收标准》（JGJ/T 139—2001）；
29）《建筑玻璃应用技术规程》（JGJ 113—2003）；
30）《玻璃幕墙应用技术规程》（JGJ 102—2003）；
31）《金属与石材幕墙工程技术规范》（JGJ 133—2001）；
32）《建筑基坑支护技术规程》（JGJ 120—99）；
33）《建筑桩基技术规范》（JGJ 94—94）；
34）《基桩低应力检测规程》（JGJ/T 93—95）；
35）《高层民用建筑钢结构技术规程》（JGJ 99—98）；
36）《高层建筑箱形筏形基础技术规范》（JGJ 6—99）；
37）《高层建筑钢筋混凝土结构技术规程》（JGJ/T 11—2002）；
38）《建筑工程冬期施工规程》（JGJ 104—97）；
39）《建筑排水硬聚乙烯管道工程技术规程》（CJJ/T 29—98）；
40）《施工现场临时用电安全技术规范》（JGJ 46—2005）；
41）《给水排水管道工程施工及验收规范》（GB 50268—97）；
42）《多孔砖结构技术规范》（JGJ 137—2001）；
43）《型钢混凝土组合结构技术规程》（JGJ 138—2001）；
44）《采暖居住建筑节能检测标准》（JGJ 132—2001）；
45）《建筑工程饰面砖粘接强度检验标准》（JGJ 110—97）；
46）《无粘结预应力混凝土结构技术规程》（JGJ/T 92—93）；
47）《建筑砂浆基本性能试验标准》（JGJ 70—90）；
48）《机械喷涂抹灰施工规程》（JGJ/T 105—96）；
49）《塑料门窗安装及验收规程》（JGJ 103—96）；
50）《钢框胶合模板技术规程》（JGJ 96—95）；

51）《砂浆配合比设计规程》（JGJ 98—2000）；
52）《混凝土配合比设计规程》（JGJ 55—2000）；
53）《建筑变形测量规程》（JGJ/T 8—97）；
54）《工程网络计划技术规程》（JGJ/T 121—99）；
55）《建筑安装工程金属熔化焊焊接射线照相检测标准》（CECS 77：96）；
56）《高强度混凝土结构技术规程》（CECS 104：99）；
57）《点支式玻璃幕墙工程技术规程》（CECS 127：2001）；
58）《矩形钢管混凝土结构技术规程》（CECS 159：2004）；
59）《建筑防腐蚀工程施工及验收标准》（GB 50212—2002）；
60）《建筑防腐蚀工程质量检验评定标准》（GB 50224—95）；
61）《工程建设强制性条文—房屋建筑部分》（2002 版）；
62）《土层锚杆设计与施工规范》（CECS 22：90）；
63）《钢结构防火涂料应用规范》（CECS 24：90）；
64）《混凝土及预制混凝土构件质量控制规程》（CECS 70：94）；
65）《钢结构加固技术规范》（CECS 97：96）；
66）《基坑土钉支护技术规范》（CECS 96：97）。

2.1.3 建设合同

建筑施工必须依据建设合同，要保证安全文明施工，必须熟悉所施工工程的相关合同。

施工合同主要包括建筑和安装两方面内容，建筑主要是指对工程进行营造的行为，安装主要是指与工程有关的线路、管道、设备等设施的装配。工程建设中，必须依据工程建设合同。工程建设合同在工程中有着特殊的地位和作用。

（1）工程建设合同确定了工程实施和工程管理的主要目标，是合同双方在工程中各种经济活动的依据。

（2）工程建设合同在工程实施前签订。它确定了工程所要达到的目标以及与目标相关的所有主要的和具体的问题。工程建设施工合同确定的工程目标主要有三个方面：

1）工期要求：

包括工程开始、工程结束即开工、竣工时间以及工程中的一些施工节点、主要活动的具体日期等。

2）工程质量要求、规模和范围：

详细的、具体的质量、技术和功能等方面的要求，例如，建筑材料、设计、施工等质量标准、技术规范、建筑面积、项目要达到的生产能力等。

3）工程安全要求：

签订合同要按照工程建设程序和国家强制性标准，制定合理工期，确保安全生产。签订合同时，工程施工作业环境要符合安全生产要求，并按照工程建设标准定额确定建筑工程安全措施和施工现场临时设施的费用，并将其列入工程造价中。对于有特殊安全防护要求的工程，建设单位和施工单位应当根据工程实际需要，在合同中约定安全措施所需费用。如《建筑装饰工程施工合同》第八条有关安全生产和防火的约定：

① 甲方提供的施工图纸或做法说明，应符合《中华人民共和国消防条例》和有关

防火设计规范。

② 乙方在施工期间应严格遵守《建筑安装工程安全技术规程》、《建筑安装工人安全操作规程》、《中华人民共和国消防法》等相关的法律、法规。

③ 由于甲方确认的图纸或做法说明违反有关安全操作规程、消防条例和防火设计规范，导致发生安全或火灾事故，甲方应承担由此产生的一切经济损失。

4）费用：

包括工程总价格，各分项工程的单位和总价格，支付形式和支付时间等。它们是工程施工和工程管理的目标和依据。工程中的合同管理工作就是为了保证这些目标的实现。如《建筑装饰工程施工合同》第六条 关于工程价款及结算的约定：

①双方商定本合同价款采用第__种。

②本合同生效后，甲方分__次，约定支付工程款，尾款竣工结算时一次结清。

2.1.4 工程图纸

根据工程的需要，工程图纸包括建筑施工图纸、结构施工图纸、电气施工图纸、给排水施工图纸、人防施工图纸等。施工人员根据图纸来编制相关的安全文明施工措施，其中必须熟悉的是建筑、结构与安装设备等施工图纸，以及标准图集、做法详图、设计说明、产品说明等图集、资料。

2.1.5 施工组织总设计

为编制好施工工法，应先熟悉“工程施工组织总设计”，一般工程施工组织总设计所包括的内容主要有：

（1）工程概况；

（2）工程特点；

（3）施工部署；

（4）施工方案（主要分部分项的施工方法）；

（5）季节施工措施；

（6）保证质量的技术措施；

（7）保证安全文明的技术措施；

（8）保证工期的技术措施；

（9）降低成本措施；

（10）科技进步措施；

（11）施工进度措施；

（12）主要资源需要量计划；

（13）施工平面图；

（14）项目部组成；

（15）技术经济指标。

2.1.6 建筑业十项新技术

建筑业新技术是编制施工工法的重要依据和基础，建设部为了促进我国建筑技术的发展及工程建设的需求，自1994年起，在全国提出推广“建筑业10项新技术”。内容以房屋建筑工程为主，突出通用技术，兼顾铁路、交通、水利等其他土木工程。所推广的新技术既成熟可靠，又代表了现阶段我国建筑业技术发展的最新成就。在每年建筑业推广应用10项新技术的同时，还有百项四新技术推广应用。在建筑业推广应用10项新技术仅十多年间，全国共完成了四批建筑业新技术应用示范工程130多项，以及一大批省部级建筑业新技术应用示范工程，带动了行业的技术进步，产生了巨大的经济效益和社会效益。全国示范工程，多为建设规模大、技术复杂、质量标准要求高、社会影响大的建设项目，如上海金茂大厦、首都国际机场二期航站楼等工程。

随着“十一五”规划的全面实施，新一轮的建设高潮又在祖国大地轰轰烈烈地开展起来。其特点是：建筑的规模与体量更大，类型与结构更加复杂，科技含量与档次更高，迫切需要施工人员不断丰富充实知识，强化自身素质，才能适应迅速发展的现代化相关建设的需要。同时，大量新技术的应用，也为施工工法的编写提供了丰富的素材与依据。为此，建筑部于2005年颁布了新的建筑业十项新技术（建建【5号文】2005），为建筑业全面推广应用新技术提供了指导性文件，另外，结合新技术每年还重点推广百项具有针对性的开发应用技术。建筑业十项新技术的主要内容是：

（1）地基基础和地下空间工程技术

1）桩基新技术

①灌注桩后注浆技术；

②长螺旋水下灌注成桩技术。

2）地基处理技术

①水泥粉煤灰碎石桩（CFG桩）复合地基成套技术；

②夯实水泥土桩复合地基成套技术；

③真空预压法加固软基技术；

④强夯法处理大块高填方地基技术；

⑤爆破挤淤法技术；

⑥土工合成材料应用技术。

3）深基坑支护及边坡防护技术

①复合土钉墙支护技术；

②预应力锚杆施工技术；

③组合内支撑技术；

④型钢水泥土复合搅拌桩支护结构技术；

⑤冻结排桩法进行特大型深基坑施工技术；

⑥高边坡防护技术。

4）地下空间施工技术

①暗挖法；

②逆作法；

③盾构法；

④非开挖埋管技术。

（2）高性能混凝土技术

1）混凝土裂缝防治技术
2）自密实混凝土技术
3）混凝土耐久性技术
4）清水混凝土技术
5）超高泵送混凝土技术
6）改性沥青路面施工技术
（3）高效钢筋与预应力技术
1）高效钢筋与预应力技术
HRB400级钢筋的应用技术。
2）钢筋焊接网应用技术
①冷轧带肋钢筋焊接网；
②HRB400钢筋焊接网。
3）粗直径钢筋直螺纹机械连接技术
4）预应力施工技术
①无粘结预应力成套技术；
②有粘结预应力成套技术；
③拉索施工技术。
（4）新型模板及脚手架应用技术
1）清水混凝土模板技术
2）早拆模板成套技术
3）液压自动爬模技术
4）新型脚手架应用技术
①碗扣式脚手架应用技术；
②爬升脚手架应用技术；
③市政桥梁脚手架施工技术；
④外挂式脚手架和悬挑式脚手架应用技术。
（5）钢结构技术
1）钢结构CAD设计与CAM制造技术
2）钢结构施工安装技术
①厚钢板焊接技术；
②钢结构安装施工仿真技术；
③大跨度空间结构与大跨度钢结构的整体顶升与提升施工技术。
A. 钢与混凝土组合结构技术；
B. 顶应力钢结构技术；
C. 住宅结构技术；
D. 高强度钢材的应用技术；
E. 钢结构的防火防腐技术。
（6）安装工程应用技术
1）管道制作（通风、给水管道）连接与安装技术

①金属矩形风管薄钢板法兰连接技术；
②给水管道卡压连接技术。
2）管线布置综合平衡技术
①电缆安装成套技术；
②电缆敷设与冷缩、热缩电缆头制作技术。
3）建筑智能化系统调试技术
①通信网络系统；
②计算机网络系统；
③建筑设备监控系统；
④火灾自动报警及联动系统；
⑤安全防范系统；
⑥综合布线系统；
⑦智能化系统集成；
⑧住宅（小区）智能化；
⑨电源防雷与接地系统。
4）大型设备整体安装技术（整体提升吊装技术）
①直立单桅杆整体提升桥式起重机技术；
②直立双桅杆滑移法吊装大型设备技术；
③龙门（A字）桅杆扳立大型设备（构件）技术；
④无锚点推吊大型设备技术；
⑤气顶升组装大型扁平灌顶盖技术；
⑥液压顶升拱顶罐倒装法；
⑦超高空斜承索吊运设备技术；
⑧集群液压千斤顶整体提升（滑移）大型设备构件技术。
5）建筑智能化系统检测与评估
①系统检测；
②系统评估。
（7）建筑节能和环保应用技术
1）节能型围护结构应用技术
①新型墙体材料应用技术及施工技术；
②节能型门窗应用技术；
③节能型建筑检测与评估技术。
2）新型空调和采暖技术
①地源热泵供暖空调技术；
②供热采暖系统温控与热计量技术。
3）干拌砂浆技术
（8）建筑防水新技术
1）新型防水卷材应用技术
①高聚物改性沥青防水卷材应用技术；

②自粘型橡胶沥青防水卷材；

③合成高分子卷材：包括合成橡胶类防水卷材和合成树脂类防水片（卷）材。

2）建筑防水涂料

3）建筑密封材料

4）刚性防水砂浆

5）防渗堵漏技术

（9）施工过程监测和控制技术

1）施工过程测量技术：

①施工控制网建立技术；

②施工放样技术；

③地下工程自动导向测量技术。

2）特殊施工过程监测和控制技术：

①深基坑工程监测和控制；

②大体积混凝土温度监测和控制；

③大跨度结构施工过程中受力与变形监测和控制。

（10）建筑企业管理信息化技术

1）工具类技术；

2）管理信息化；

3）信息化标准技术。

2.2 编写范围

工法的编写范围非常广泛。首先，在它的内容中就有根据工程特点及施工工艺要求所确定的适用范围。在施工中既有现场上的分部分项工程的操作工艺、技术、质量、安全、工期等内容；又有内业中的预算编制、方案编写、计划统计、合同签订、成本核算、材料供应、劳力调配、机械布置、现场平面等工作；更有施工技术与管理、项目管理、施工组织设计管理等项管理。同时，随着建筑现代化进程的不断推进，高新技术的大量应用以及对工程高质量、高标准、高效益、低能耗、低成本要求的不断提升，建筑施工企业的现代化管理，新技术、新工艺、新机具、新材料，特别是新信息等科技开发方面的知识大量涌现，如质量管理体系（ISO 9000）、环境管理体系（ISO 14000）、职业安全卫生体系（OHSAS 18000）等管理技术、质量通病消除、安全隐患消除与安全文明施工等方面的内容更是十分丰富，都可以作为工法编写的范围。

2.3 编写流程

施工工法编写流程可以归纳为：图纸会审→明确部位、做法→收集资料→编写施工操作方案→技术交底→过程跟踪→处理解决问题→形成记录（文字或影像）→效益测算→编写成文→工程核验，调整修改→形成工法。

2.4 编写内容

根据工法管理办法和实践，工法的内容主要有以下几个方面：

（1）前言

说明工法的形成过程，包括工法开发单位、鉴定时间、获奖和推广应用情况。也可以在文中反映，不作为独立的章节。

（2）工法特点

说明工法的工艺原理及其理论依据，如纯属应用方法的工法，仅说明工艺或使用功能上的特点。有些工法还要规定最佳的技术经济条件，适用的工程部位或要求满足的具体技术条件。

（3）工艺程序（或流程）

说明工法的工艺程序与作业特点，不但要讲基本工艺过程，而且要讲清工序间的衔接及其关键所在。也可以用程序图（表格、框图）来表示。对由于构造、材料或机具使用上的差异而引起的流程变化，也应有所交代。

（4）操作要点

有些专业操作技能要求较高的技艺，还应突出操作要点。

（5）材料

采用本工法所使用的主要材料或构配件。

（6）机具设备

采用本工法所必需的主要机械、设备、工具、仪器等，以及它们的规格、型号、性能、数量和合理配置。

（7）质量标准

指明工法应遵循的国家、行业和企业的技术法规、文件，并列出关键部位、关键工序的质量要求，达到质量标准的主要措施。

（8）劳动组织及安全

说明工种构成、人员组织、承包方式等，以及施工中应重点注意的安全事项。

（9）效益分析

对本工法消耗的物料、工时、造价进行综合分析，提供一些参考数值。分析时须考虑经济效益，也要考虑社会效益。

（10）工程应用实例

介绍本工法曾经应用过的工程实况，典型工程应用实例。有的工法也可以把编写的重点放在工程写实上。

2.5 编写要点及注意事项

2.5.1 编写要点

（1）图纸会审：图纸会审不仅对质量、安全、工程成本等施工环节与过程起到至关重要的作用，同时对编制施工工法起着主导作用。通过工程图纸的预审与会审发现并及时解决可以用于编制工法的新技术及特殊施工过程并及时在图纸审核记录中确定下来。如，某工程图纸结构设计中采用了叠合网梁楼盖，因此应作为一项新的结构形式被列入工法编制中。又如，在高层屋顶部位设计航空障碍灯，但这种新型电脑智能型长寿航空障碍灯的产品做法均不明确。因此，特别将此项产品列为重点，收集有关资料、信息。

（2）收集资料：由于工法的编写涉及多方面内容，对于明确下来的工法课题项目就必须有针对性的收集相关资料，如施工详图、说明、产品样本、施工工艺、质量标准、安全要求、价格、供料定额等。如缺少相关资料，就应注意在施工过程中收集总结。

（3）编写施工技术方案：工艺流程与操作要点是施工工法中的核心内容，也是要求必须详细介绍说明清楚的重要环节。因此，应将每项工法的施工过程及各过程的操作要点阐述明白，可按照编写施工技术方案的形式来进行。

（4）技术交底：技术交底的目的，则是要求工艺及施工过程的操作与实施能够让具体施工操作人员详细了解并掌握，严格按施工方案进行操作，必须按照技术交底的规定要求。向被交底人全面落实施工技术方案中的各项做法与规定，并双方签字，这样可以防止施工出现差错和走样。

（5）过程跟踪：每项施工过程都应该进行跟踪记录，记录具体施工操作方法、人员、材料、机具等工法所需要的资料数据，特别是一些新技术，更应该加强跟踪，并通过现场跟踪记录为编写新规程、补充定额等积累素材和依据。跟踪可采用拍照、录像、录音等方式，加强跟踪记录的真实性与全面性。

（6）处理解决问题：在施工过程中往往由于建设方的变更或材料、机械发生变化等原因，或施工过程出现问题，需要及时解决，这就需要按照设计变更或洽谈协商的要求办理好相关手续，做好记录。必要时，可能要重新编写施工技术方案，调整人员、材料、机械等，使施工工法的编写发生变化。

（7）形成记录：利用文字或录像形成施工过程中及施工结束后的资料，包括竣工后产生的效益、效果等。

（8）效益分析：这是突出施工工法特点作用说服力的关键。可以通过成本分析来测算该工法的技术经济效益、生态环保及社会效益。

（9）编写成文：按照施工工法编写的内容要求，形成工法文稿，系统地说明该施工工法。

（10）工程核验修改：施工工法既要求来源于工程实践，又必须经过几项工程的检验，才能成为技术成熟可靠、标准统一规范、经济效益合理的技术经济文件。所以，必须要将成文的施工工法再拿到相类似的工程中去检验，一来发挥它的作用，二来可以通过新的工程来检验所编写内容的合理性、可靠性，进而再充实完善，使之尽善尽美。同时，省级以上工法必须有不少于三项工程应用示例的规定要求。

（11）企业评定：经过工程核验并充实完善的施工工法，应由企业分管施工生产的副经理或总工程师负责组织企业内部评定。参加人员除工法编写实施人员外，并可邀请业内行家来评定其优点、特点，形成企业级工法。

（12）组织申报：企业可以根据省级工法申报的规定要求，择优申报省级工法。

2.5.2 注意事项

工法是施工企业的技术财富。每项工法都有其自身的特点。企业在整理传统技术或者在编写新工法时，表达方式可以多种多样，不好一概而论，但必须遵守以下原则：

（1）企业整理的工法都必须经过工程实践，并证明是属于技术先进、效益显著、经济实用的项目。研究开发的新科技成果，如未经工程应用不能称为工法。

（2）编写工法的选题要恰当。每项工法都是一个系统，系统有大有小，针对工程项目、单位工程的是大系统，针对分部、分项工程编写的是子系统。在初编时宜选择小一点的分部或分项工程的工法，如锚杆支护深基坑开挖工法、现浇混凝土楼板一次抹面工法等，并与新技术推广紧密结合。

（3）编写工法不同于写工程施工总结。施工总结往往先交代工程情况，然后讲施工方法与经验，再介绍施工体会，大多是工程的写实。而工法是对施工规律性的剖析与总结，要把工艺特点（或原理）放在前面，而最后可引用一些典型工程实例加以说明。有人形象地说，“工法是施工总结的倒写”，这句话不是没有道理的。

（4）整理和编写工法的目的是为了在工程实践中得到应用。为了给广大工程技术人员整理和编写工法时提供参考和启迪，建设部施工管理司组织编印了《土木建设工法实例选编》，有关的专业技术刊物也陆续刊登了工法方面的文章及实例。

根据工法的含义和要求，工法的内容应该是在贯彻国家对有关部门颁布的规范规程等技术标准的前提下，通过本企业的科学管理制度和工程实践经验，提出开发应用科技成果或新技术的经验总结。也就是说，工法应在满足设计要求、符合质量的基础上，既有新技术发展概貌，又有具体的工艺特点、施工程序、机具设备、工程做法以及综合经济效益等要求。

3 工法的申报

3.1 工法的申报

经过企业审定并形成企业级工法的施工工法，可以向当地建设主管部门申请报批，通过建设主管部门组织专家复审认可并批准后，可向省级建设主管部门申请参加省级建筑工法评审。企业级工法要想成为有影响力的二级以上工法，须经过本地区建设主管部门的批准认可，方可向省级建设主管部门申报。

3.2 工法申报表

工法的申报、评审、确认和管理一律采取自下而上的程序，进行层层选拔。企业的工法是整个工法的基础，一般说来，一二级工法需要从三级工法中提炼出来。符合条件和要求的三级工法在申请上一级工法时须填报相关表格，按照上级建设行政主管部门的相关规定，详细阐述本工法的特点、适用范围、工艺原理、综合效益分析、关键技术、技术水平与技术难点、工法应用情况及推广应用前景，以及编写人员、当地主管部门的审核意见等。工法申报表及其填报，以国家级、山东省省级工法为例介绍如下。

3.2.1 国家级工法申报

为指导建筑业企业编写国家级工法，规范国家级工法的编制内容和申报程序，根据建设部《工程建设工法管理办法》(建质［2005］145号)，制定本指南。

(1) 国家级工法的编写原则

建筑业企业在编写国家级工法时，应当遵守以下原则：

1) 工法必须是经过工程实践并证明是属于技术先进、效益显著、经济适用、符合节能环保要求的施工方法。未经工程实践检验的科研成果，不属工法的范畴。

2) 国家级工法编写应主要针对某个单项工程，也可以针对工程项目中的一个分部，但必须具有完整的施工工艺。

3) 工法应当按照《工程建设工法管理办法》第七条规定的内容和顺序进行编写。

工法的编写顺序是工法特点、工艺原理在前，最后引用一些典型工程实例加以说明。

(2) 国家级工法的选题分类

1) 通过总结工程实践经验，形成有实用价值、带有规律性的新的先进施工工艺技术，其工艺技术水平应达到国内领先或国际先进水平。

2) 通过应用新技术、新工艺、新材料、新设备而形成的新的施工方法。

3) 对类似现有的国家级工法有所创新、有所发展而形成的新的施工方法。

（3）国家级工法编写内容

国家级工法的编写内容，分为前言、工法特点、适用范围、工艺原理、施工工艺流程及操作要点、材料与设备、质量控制、安全措施、环保措施、效益分析和应用实例等11项。

1）前言：概括工法的形成原因和形成过程。其形成过程要求说明研究开发单位、关键技术审定结果、工法应用及有关获奖情况。

2）工法特点：说明工法在使用功能或施工方法上的特点，与传统的施工方法比较，在工期、质量、安全、造价等技术经济效能等方面的先进性和新颖性。

3）适用范围：适宜采用该工法的工程对象或工程部位，某些工法还应规定最佳的技术经济条件。

4）工艺原理：阐述工法工艺核心部分（关键技术）应用的基本原理，并着重说明关键技术的理论基础。

5）施工工艺流程及操作要点：

①工艺流程和操作要点是工法的重要内容。应该按照工艺发生的顺序或者事物发展的客观规律来编制工艺流程，并在操作要点中分别加以描述。对于使用文字不容易表达清楚的内容，要附以必要的图、表。

②工艺流程要重点讲清基本工艺过程，并讲清工序间的衔接和相互之间的关系以及关键所在。工艺流程最好采用流程图来描述。对于构件、材料或机具使用上的差异而引起的流程变化，应当有所交代。

6）材料与设备：说明工法所使用的主要材料名称、规格、主要技术指标，以及主要施工机具、仪器、仪表等的名称、型号、性能、能耗及数量。对新型材料还应提供相应的检验检测方法。

7）质量控制：说明工法必须遵照执行的国家、地方（行业）标准、规范名称和检验方法，并指出工法在现行标准、规范中未规定的质量要求，还要列出关键部位、关键工序的质量要求，以及达到工程质量目标所采取的技术措施和管理方法。

8）安全措施：说明工法实施过程中，根据国家、地方（行业）有关安全的法规，所采取的安全措施和安全预警事项。

9）环保措施：指出工法实施过程中，遵照执行的国家和地方（行业）有关环境保护法规中所要求的环保指标，以及必要的环保监测、环保措施和在文明施工中应注意的事项。

10）效益分析：从工程实际效果（消耗的物料、工时、造价等）以及文明施工中，综合分析应用本工法所产生的经济、环保、节能和社会效益（可与国内外类似施工方法的主要技术指标进行分析对比）。

另外，对工法内容是否符合满足国家关于建设节能工程的有关要求，是否有利于推进（可再生）能源与建设结合配套技术研发、集成和规模化应用方面也应有所交代。

11）应用实例：说明应用工法的工程项目名称、地点、结构形式、开竣工日期、实物工作量、应用效果及存在的问题等，并能证明该工法的先进性和实用性。一项成熟的工法，一般应有三个工程实例（已成为成熟的先进工法，因特殊情况未能及时推广的可适当放宽）。

对于在工艺原理、工艺流程、材料与设备的主要技术指标中涉及技术秘密的内容，在编写工法时可予以回避。申报国家级工法时，须在申报材料中加以说明，但有关部门在审定时，应当按照知识产权的有关规定对企业秘密加以保护。

按上述内容编写的工法，层次要分明，数据要可靠，用词用句应准确、规范。其深度应满足指导项目施工与管理的需要。

（4）国家级工法文本要求

1）工法内容要完整，工法名称应当与内容贴切，直观反映出工法特色，必要时冠以限制词。

2）工法题目层次要求：

工法名称

完成单位名称

主要完成人

3）工法文本格式采用国家工程建设标准的格式进行编排：

①工法的叙述层次按照章、节、条、款、项五个层次依次排列。“章”是工法的主要单元，“章”的编号后是“章”的题目，“章”的题目是工法所含11部分的题目；“条”是工法的基本单元。编号示例说明如下：

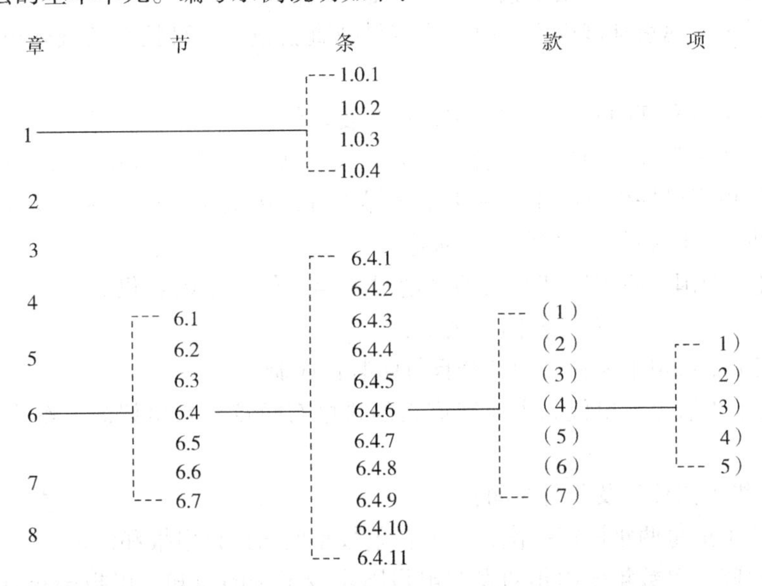

②工法中的表格、插图应有名称，图、表的使用要与文字描述相互呼应，图、表的编号以条文的编号为基础。如一个条文中有多个图或表时，可以在条号后加图、表的顺序号，例如，图1.1.1－1，图1.1.1－2……。插图要符合制图标准。

③工法中的公式编号与图、表的编号方法一致，以条为基础，公式要居中。格式举例如下：

$$A = Q/B \times 100\% \qquad (1.1.1-1)$$

式中　A——安全事故频率；

B——报告期平均职工人数；

Q——报告期发生安全事故人数。

4）工法文稿中的单位要采用法定计量单位，统一用符号表示，如 m、m^2、m^3、kg、d、h 等。专业术语要采用行业通用术语，如使用专用术语应加注解。

5）文稿统一使用 A4 纸打印，稿面整洁，图字清晰，无错字、漏字。

（5）国家级工法的申报

1）国家级工法申报必须经省（部）级工法的批准单位向建设部推荐。

2）申报国家级工法应提交以下资料：

①国家级工法申报表；

②工法具体内容材料；

③省（部）级工法批准文件复印件；

④关键技术审定证明或与工法内容相应的国家工程技术标准复印件；

工法中采用的新技术、新工艺、新材料尚没有相应的国家工程建设技术标准的，其关键技术应经省、自治区、直辖市建设主管部门，国务院主管部门（全国性行业协会、国资委管理的企业）等单位组织的建设工程技术专家委员会审定；

⑤三份工法应用证明和效益证明：工法应用证明由使用该工法施工的工程监理单位或建设单位提供；效益证明由申报单位财务部门提供；

⑥当关键技术属填补国内空白时，应有科技查新报告。科技查新报告由技术情报部门提供；

⑦关键技术专利证明及科技成果奖励证明复印件；

⑧反映工法实际施工的录像光盘（重点是反映工法工艺操作程序），2005～2006 年度国家级工法申报可提供反映工法施工工艺操作程序中关键点的照片（以 PowerPoint 格式报送，不少于 10 张照片）代替施工录像。

3）已批准的国家级工法其有效期已超过六年，但工法内容仍具先进性并符合国家级工法的申报条件，可重新申报国家级工法。

4）国家级工法申报材料必须齐全且打印装订成册。

5）申报前工法完成单位和主要完成人的排序有争议，且争议尚未解决的工法不予受理。

6）国家级工法评审及公告时间：

①国家级工法每两年评审一次，一般在单数年度内进行申报和评审。

②申报时间：单数年度内年初发布申报国家级工法的通知，申报截止日期一般在 5 月或 6 月底。

③评审时间：一般在申报年度内的 10 月。

④评审结果公示时间：一般在申报年度内的 11 月，刊登在住房和城乡建设部网站和中国建设业协会网上，公示期限为 10 个工作日。

⑤评审结果公布时间：一般在申报年度内的 12 月。

附件： 1. 国家级工法申报表

2. 国家级工法申报文本范例

附件 1　　　　国家级工法申报表（格式）

国家级工法申报表

（　　年度）

工法名称______________________

申报单位______________________

推荐单位______________________

申报时间______________________

住房和城乡建设部工程质量安全监管司制

申报资料目录

一、国家级工法申报表

二、工法内容材料

三、省（部）级工法批准文件复印件

四、关键技术审定材料复印件

五、3 份工程应用证明原件（特殊情况例外）

六、经济效益证明原件

七、关键技术获专利证书和科技成果的奖励证明复印件

八、科技查新报告复印件（当关键技术属于填补国家空白时提供）

九、反映应用工法施工的工程录像片或照片

国家级工法申报表填写说明

1. “申报单位”栏：必须是申报表中所填写的主要完成单位。

2. “主要完成单位”栏：最多填写 3 家，并应当与“主要完成单位意见”栏中的签章一致。

3. “通信地址”及“联系人”：指申报单位的地址和联系人。

4. “主要完成人”栏：最多填写 5 人。

5. “重新申报项目”指该工法已批准为国家级工法，但批准年限已超过六年，其内容仍符合国家级工法申报条件的工法项目。

6. “工法应用工程名称及时间”栏：最少填写 3 项工程，如工程应用少于 3 项，应填写申报表中“工法成熟、可靠性说明”栏。

<table>
<tr><td>工法名称</td><td colspan="5"></td></tr>
<tr><td rowspan="3">主要完成单位</td><td colspan="5"></td></tr>
<tr><td colspan="5"></td></tr>
<tr><td colspan="5"></td></tr>
<tr><td>通信地址</td><td colspan="3"></td><td>邮编</td><td></td></tr>
<tr><td>联系人</td><td colspan="3"></td><td>电话</td><td></td></tr>
<tr><td rowspan="6">主要完成者</td><td>姓名</td><td>职务</td><td>职称</td><td colspan="2">所在工作单位</td></tr>
<tr><td></td><td></td><td></td><td colspan="2"></td></tr>
<tr><td></td><td></td><td></td><td colspan="2"></td></tr>
<tr><td></td><td></td><td></td><td colspan="2"></td></tr>
<tr><td></td><td></td><td></td><td colspan="2"></td></tr>
<tr><td></td><td></td><td></td><td colspan="2"></td></tr>
<tr><td colspan="2" rowspan="3">工法应用工程
名称和时间</td><td colspan="4"></td></tr>
<tr><td colspan="4"></td></tr>
<tr><td colspan="4"></td></tr>
<tr><td colspan="2">工法关键技术名称、组织
审定的单位和时间</td><td colspan="4"></td></tr>
<tr><td colspan="2">工法关键技术获科技成果
奖励的情况</td><td colspan="4"></td></tr>
<tr><td colspan="2">原工法名称、完成单位、国家级
工法批准文号及工法编号
（重新申报项目填写此栏）</td><td colspan="4"></td></tr>
<tr><td colspan="6">工法内容简述：</td></tr>
<tr><td colspan="6">关键技术及保密点（如有专利权，请注明专利号）：</td></tr>
<tr><td colspan="6">技术水平和技术难度（与国内外同类技术水平比较）：</td></tr>
</table>

续表

工法成熟、可靠性说明（当工法工程应用少于3项时填写）：
工法应用情况及应用前景：
经济效益和社会效益（包括节能和环保效益）：
主要完成单位意见： 第一完成单位　签　章　　　　第二完成单位　签　章 年　月　日　　　　年　月　日 第三完成单位　签　章 年　月　日
推荐单位意见： 1. 如工法应用工程实例少于3项，对该工法关键技术可靠、成熟性提出意见： 2. 推荐意见： （签　章） 年　月　日

附件 2　　　　国家级工法申报文本范例

国家级工法申报表

（2005～2006 年度）

工法名称：火电厂超高大直径烟囱钛钢内筒气顶倒装施工工法

申报单位：中国建筑××工程局

推荐单位：中国建筑工程总公司

申报时间：2007 年×月

建设部工程质量安全监督与行业发展司制

目　录

<table>
<tr><td>工法名称</td><td colspan="4">火电厂超高大直径烟囱钛钢内筒气顶倒装施工工法</td></tr>
<tr><td rowspan="3">主要完成单位</td><td colspan="4">1. 中国建筑××工程局安装工程公司</td></tr>
<tr><td colspan="4">2. 中国建筑××工程局</td></tr>
<tr><td colspan="4"></td></tr>
<tr><td>通信地址</td><td colspan="2">×市北环路 72 号</td><td>邮编</td><td>×××</td></tr>
<tr><td>联系人</td><td colspan="2">×××</td><td>电话</td><td>×××</td></tr>
<tr><td rowspan="6">主要完成者</td><td>姓名</td><td>职务</td><td>职称</td><td>所在工作单位</td></tr>
<tr><td>×××</td><td>科长</td><td>工程师</td><td>××××安装公司</td></tr>
<tr><td>×××</td><td>副经理</td><td>高级工程师</td><td>××××安装公司</td></tr>
<tr><td>×××</td><td>总工</td><td>教授级高级工程师</td><td>××××安装公司</td></tr>
<tr><td>×××</td><td>项目经理</td><td>工程师</td><td>××××安装公司</td></tr>
<tr><td>×××</td><td>工程部总工</td><td>高级工程师</td><td>中国建筑××工程局</td></tr>
<tr><td rowspan="3">工法应用工程
名称和时间</td><td colspan="4">1. ××××发电有限公司 2×600MW 超临界燃煤火电机组项目 210m/8m 烟囱钛钢内筒工程　2006 年 09 月 ~2007 年 3 月</td></tr>
<tr><td colspan="4">2.</td></tr>
<tr><td colspan="4">3.</td></tr>
<tr><td>工法关键技术名称、组织审定的单位和时间</td><td colspan="4">火电厂超高大直径烟囱钛钢内筒气顶倒装施工技术
××省科技厅
鉴定时间：2006 年 6 月 1 日</td></tr>
<tr><td>工法关键技术获科技成果奖励的情况</td><td colspan="4">××省科学技术成果鉴定证书（×科鉴委字［2007］第 172 号）2007 年 6 月</td></tr>
<tr><td>原工法名称、完成单位、国家级工法批准文号及工法编号（重新申报项目填写此栏）</td><td colspan="4"></td></tr>
</table>

工法内容简述：

本工法在工程实践的基础上，主要从特点、工艺原理、流程、操作要点、质量环保措施及效益等 11 个方面进行了完整的叙述。

1　工艺原理

先进行支撑梁等措施性装置的设计及制安，再安止晃平台，然后用气顶倒装法进行钢内筒施工。其原理是先在工作平台上把内筒顶端段组装到一定高度，装上上封盖等施工附件，使该顶端段转化为顶升工具的一部分，钢筒顶端段和内密封底座就构成了一组相对密闭、可伸缩的活塞气缸筒。输入一定参数的压缩空气产生向上的顶升力，克服筒段等自重和摩擦力，筒段上移，把已准备好的后续筒片合围成整圈筒节，焊固此筒节的纵缝，再适量放气使上筒段徐徐下降与它对接，焊固横缝。这样上筒段被接长了一节，然后再进气顶升，不断重复，直至筒体达到设计高度，最后拆除上封头和密封内底座等施工附件，钢筒体便组装完成。

2　施工工艺流程

总体施工工艺流程见图 2－1。

3　操作要点

3.1　施工准备

3.2　气顶压力计算及校核

续表

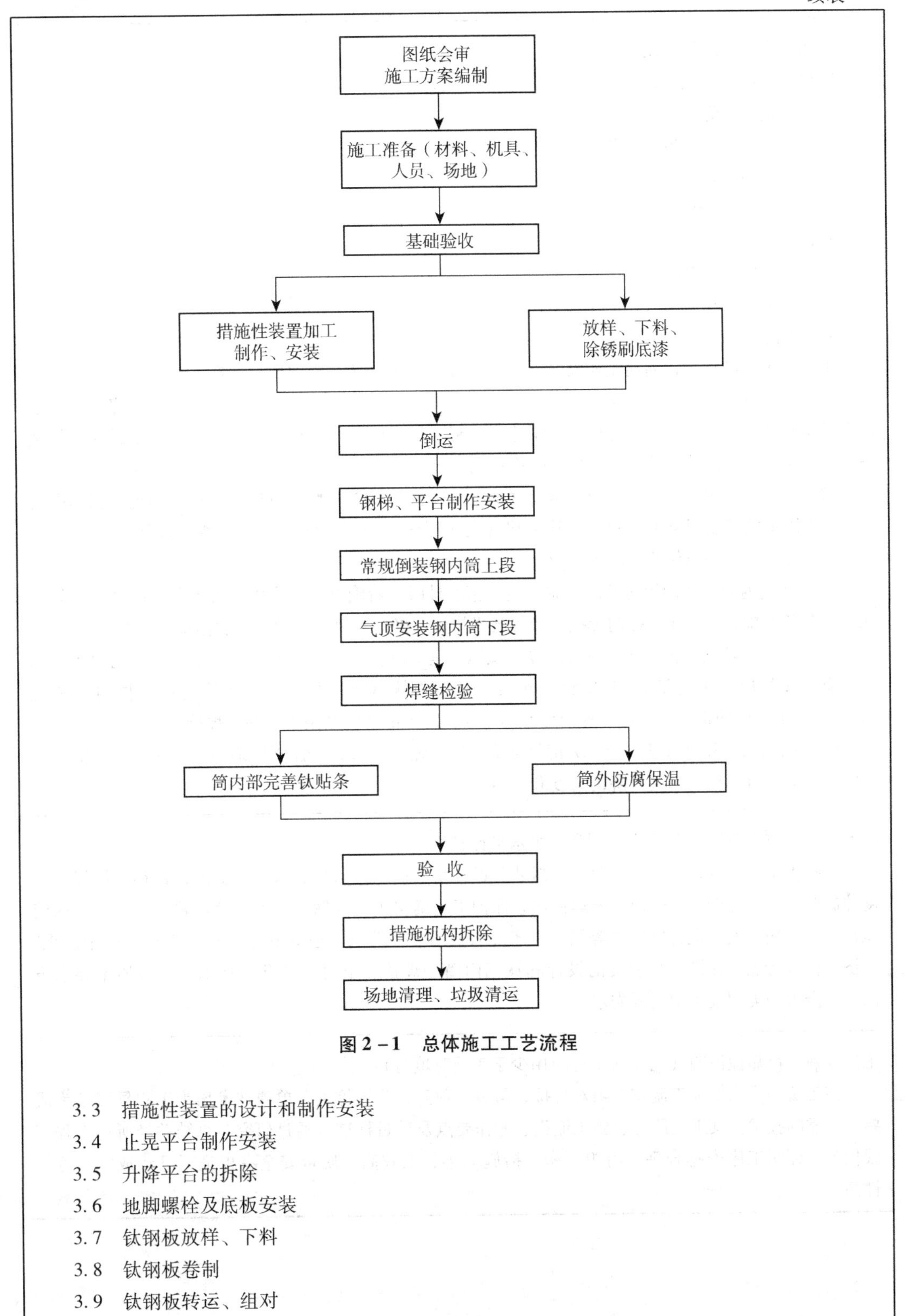

图 2－1　总体施工工艺流程

3.3　措施性装置的设计和制作安装

3.4　止晃平台制作安装

3.5　升降平台的拆除

3.6　地脚螺栓及底板安装

3.7　钛钢板放样、下料

3.8　钛钢板卷制

3.9　钛钢板转运、组对

3.10 钢筒体顶端常规吊装

3.11 钢内筒气顶顶升

3.12 钢内筒焊接

3.13 加劲肋、止晃点安装

3.14 气顶装置、支撑梁拆除

3.15 导流板安装

3.16 防腐保温

3.17 工作平台拆除

3.18 施工过程监测

4 实施效果

工程实施后经检验钢内筒制作安装一次验收合格率99.6%，整体质量优良。

（1）密封装置的设计和制安。该密封装置由课题小组与所选专业供应商共同研究确定，并经过多次试验验证，可靠、经济、适用。采用迷宫式密封加上新型耐磨橡胶圈，耐磨性和密封性更加优越。将封头做成圆锥状，受力更均匀、强度更高。

（2）独特的顶升工作平台设计，确保了施工的安全和高效。将烟道口作为中转通道，利用内筒12m标高以下的钢筋混凝土结构，在其顶端搭设5层作业平台，分别进行材料转运及组对、点焊、焊接、焊保温钉、保温作业，流水作业。

（3）钛钢内筒筒节的组对精度控制。通过精心排版、精确下料，采用压头工艺，严格控制卷制弧度，合理安排焊接顺序，控制焊接变形等技术措施，确保了钢内筒的组对制作不超差。

（4）外焊钛贴条保护工艺。供应的复合钛钢板其周围钛材应先剔掉15mm宽（防止钢焊接时化学反应对钛复层产生污染），基层钢板焊接完成，内侧钛复层焊接时，在钛复层凹槽内先垫宽30mm、1.2mm厚的钢板，然后在外面用50mm宽、1.6mm的钛贴条进行贴角焊接。

（5）内筒顶升和垂直度测控。关键是准确计算压缩空气参数、控制压缩空气系统、调节活塞气缸内的压力，进而控制内筒升降的速度和距离

技术水平和技术难度（与国内外同类技术水平比较）：

本技术工作平台设计独具特色，密封装置设计耐磨性、密封性和可靠性更高，钛钢内筒组对精度控制和顶升测控严密、全面，外焊钛贴条保护工艺确保了复合钛钢板的焊接质量。与当前国内液压顶升倒装法、液压提升倒装法等同类技术比较具有技术先进、管理科学、计算准确、适用性强、经济环保等特点，在措施性装置的设计和钛钢内筒的焊接、组对及顶升等技术难度及质量要求方面，在全国同类型施工中属领先水平

工法成熟、可靠性说明（当工法工程应用少于3项时填写）：

该工法中应用的加工制作、组对焊接、吊装、顶升、监控等主要单项技术均为工程领域较为成熟、可靠的技术，其工艺原理、施工流程、操作要点及质量标准等通过研究、总结并经所述工程实践检验，证明工序安排合理、组织严密、措施完善、工效高、质量安全有保证，已较成熟，可靠性高

续表

工法应用情况及应用前景： 该工法在××××发电有限公司2×600MW超临界燃煤火电机组项目烟囱钛钢内筒工程应用实践中，解决了工期紧、场地小、质量要求高、施工难度大等问题，确保了工程各项建设目标的实现，取得了较好的经济和社会效益。 实践证明该施工工艺流程合理、工效高、工程质量和施工安全容易控制、施工成本较低、实用性强，在大中型火电工程建设中具有良好的推广价值和广阔的发展前景
经济效益或社会效益（包括节能和环保效益）： 经济效益：××××发电有限责任公司2×600MW超临界燃煤火电机组项目烟囱钛钢内筒工程由我单位负责具体实施，总造价约3450万元（其中甲供主材约2600万元），钛钢内筒施工采用了该技术，优质、高效、低耗地完成了钢内筒的施工。直接经济效益为：节约成本1082530元，其中节约人工费99953元、材料费94237元、机械费276955元，技术措施费358385元，工期费用187000元，其他66000元，总成本降低率约3.14%，实现利润1581450元，产值利润率约18.61%，取得了较好的经济效益。 社会效益：通过该技术在上述工程中的成功实践，树立了良好的企业形象，为总体项目的早日投产见效、促进当地经济发展作出了积极贡献，受到了当地政府和建设单位的高度赞扬，赢得了较大的社会信誉，社会效益显著。 节能与环保：由于本工法采用气顶施工，流水作业，效率高，缩短了工期，相对其他施工方案减少机械投入总功率约4.6%，节能环保效果明显。 本工法符合国家关于节能工程的有关要求，有利于推进可再生能源与建设结合配套技术研发、集成和规模化应用
主要完成单位意见： 该工法经××××发电有限公司2×600MW超临界燃煤火电机组项目烟囱钛钢内筒工程实践检验，解决了一系列施工、技术难题，取得了较好的经济和社会效益，先进、实用、经济、环保，同意申报。 第一完成单位（签章）　　第二完成单位（签章） 年　月　日　　年　月　日 第三完成单位（签章） 年　月　日
推荐单位意见： 1. 如工法应用工程实例少于3项，对该工法关键技术可靠、成熟性提出意见： 2. 推荐意见： （签 章） 年　月　日

3.2.2 省级工法申报

以山东省××施工工法申报书为例。

（山东）省级工法申报书

工法名称：地基雷达物探施工应用工法

申报单位：×××公司有限公司

申报地区：山东省济南市

申报时间：2007年×月×日

山东省建筑工程管理局制

<table>
<tr><td>工法名称</td><td colspan="4">地基雷达物探施工应用工法</td></tr>
<tr><td>主要完成单位</td><td colspan="4">××项目管理有限公司</td></tr>
<tr><td>通信地址</td><td colspan="2">××市高新区舜华路 109 号科汇大厦</td><td>邮编</td><td>×××</td></tr>
<tr><td>联系人</td><td colspan="2">×××</td><td>电话</td><td>×××</td></tr>
<tr><td rowspan="6">主要完成者</td><td>×××</td><td>职务</td><td>职称</td><td>所在工作单位</td></tr>
<tr><td>×××</td><td>技术负责人</td><td>工程师</td><td>×××公司</td></tr>
<tr><td>×××</td><td>项目经理</td><td>助理工程师</td><td>×××公司</td></tr>
<tr><td>×××</td><td>技术员</td><td>助理工程师</td><td>×××公司</td></tr>
<tr><td>×××</td><td>技术员</td><td>助理工程师</td><td>×××公司</td></tr>
<tr><td>×××</td><td>总工</td><td>研究员</td><td>×××公司</td></tr>
<tr><td colspan="2">本工法应用的工程名称及时间</td><td colspan="3">知识产业基地 B1 楼工程　2007 年 7 月 1 日</td></tr>
<tr><td colspan="2">本工法关键技术名称
及鉴定时间</td><td colspan="3">地基雷达物探技术
2006 年通过山东省科技厅鉴定</td></tr>
<tr><td colspan="2">本工法关键技术获成果
奖励的情况</td><td colspan="3">2005 年获瑞典皇家杰出贡献奖
已通过 ISO 9000 论证
已通过 FCC/ECC 论证</td></tr>
</table>

注：表中通信地址及联系人指第一完成单位。主要完成者人数最多不得超过 5 人；表中内容填写不下的，可另加附页。

工法内容简述：

地基雷达物探施工应用工法

地基是建筑物赖以存在的根本，它的好坏优劣直接关系到建筑物的安全，如何勘测地基的状况为工程设计提供依据，传统的做法是采用设点勘探钻孔取样的方法，这往往需要较长的时间才能得出结果，且勘测成本较高，又由于布点数量受限，不可能处处钻孔，所以不可能全面反映地基状况。随着电子技术的发展，探测雷达仪器、理论、方法技术的成功运用和成熟经验的积累，采用雷达物探探明地质状况得到了广泛的应用，取得了较显著的技术经济效益。根据在济南知识经济总部产业基地、奥体中心等工程的施工实践应用，总结出该项应用工法。

1　特点

1.1　按照建筑物基础对地基进行全方位探测，与钻孔勘测相比，可以全面探测地基情况。

1.2　采用地质雷达操作方便、施工简捷，能较快地出具相关数据，利于尽快探明地质构造情况。

1.3　经济适用。与钻孔法相比，可以大幅度降低地质探测成本，同时节能减排，有利于环保施工。

1.4　施工安全，消除了设备移动搬运，减轻了操作人员劳动强度。

1.5　探测数据比较准确，但亦需要技术人员的经验分析判断，有些尚待进一步总结完善。

2　适用范围

适用于房屋、市政、桥梁等建筑物、构筑物的工程地质勘察探测。

3　工艺原理

地基雷达物探是利用雷达产生的电磁波在地基下面介质中的传播规律，对所返回的数据信息进行分析判断，确定地基状况的一项勘察、检测地基的高新技术。探地雷达由主机、天线和配套软件等几部分组成。探地雷达探测时，利用发射天线向地下发射高频率宽带电磁波，当其遇到地下不均匀体（介电常数不同）的分界面时，就会产生反射波，被接收天线所接收。然后通过雷达转换卡将反射波的脉冲电信号转换成数字信号，并传送给雷达主机。最后经过一系列的滤波、去噪等处理，得到形象的连续雷达剖面图，供人们分析和处理。

4 工艺流程和操作要点

4.1 工程流程

基坑（槽）开挖→基坑（槽）平整→放线定位→携机运行→收集信息图形→分析数据、资料→出具地质报告。

4.2 操作要点

4.2.1 基坑（槽）开挖：待施工的工程挖至设计要求的持力层地基。

4.2.2 基坑（槽）平整：为了保证雷达设备的正常行走，保证物探的精度，基坑（槽）底必须清除干净，如遇岩石应清净表面浮土、浮渣。

4.2.3 放线定位：确定需要物探基础下地基的范围及主要受力基础的轴线或边线。

4.2.4 携机运行：一人牵引雷达沿定位线行走，一人带笔记本电脑及时收集数据，如图 4.2.4－1 所示。

运行速度应适中，可按 30～50m/min，过快则影响探测的精度，同时携带笔记本电脑及时记录电磁波返回的各项图像数据信息。

(*a*)

(*b*)

图 4.2.4－1 携机运行

4.2.5 数据分析：下载打印数据图像，进行对比分析无误后出具地质报告。

4.2.6 雷达物探探测图例，如图 4.2.6－1～图 4.2.6－6 所示。

（1）地下管线探测

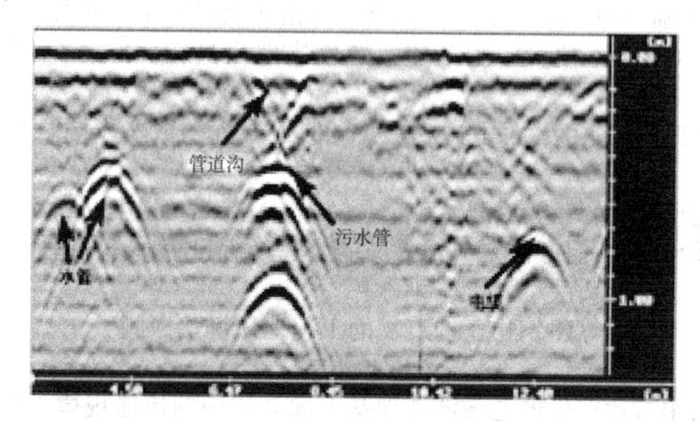

图 4.2.6－1 地下管线探测图像（用 500 兆屏蔽天线）

（2）基岩面雷达检测

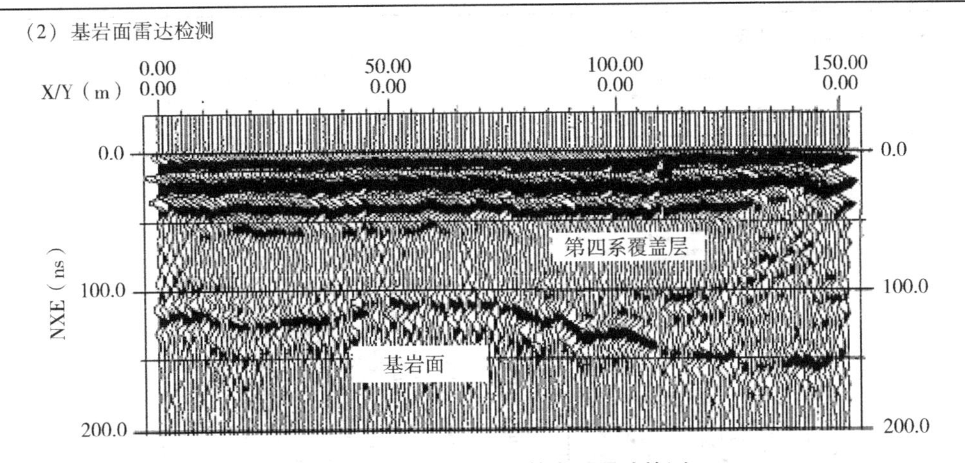

图 4.2.6－2　玉龙中桥基岩面雷达检测

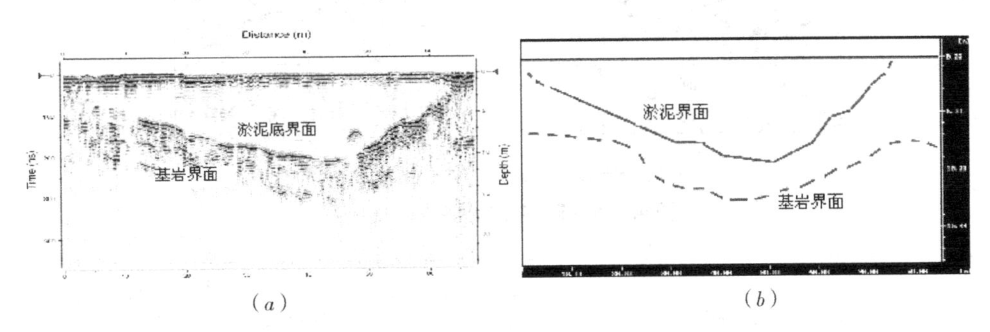

采用50兆不屏蔽天线，实线为淤泥底界面，虚线为基岩界面。

图 4.2.6－3　烟台海洋环海路（2005 年 9 月）

（3）注浆效果雷达检测

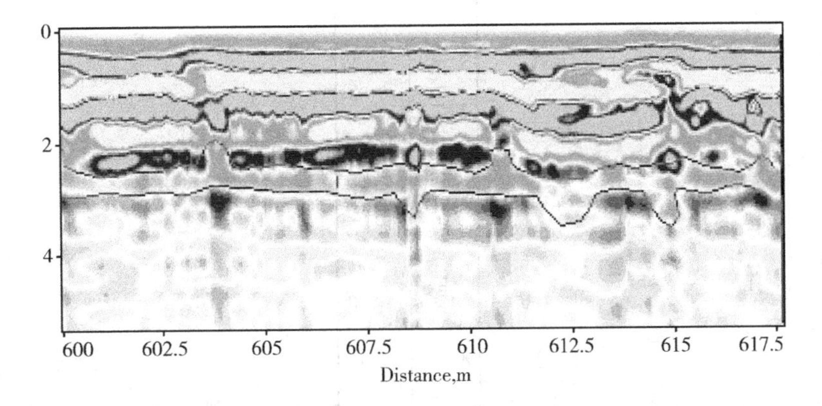

图 4.2.6－4　山东省交通学院南环路路基注浆效果雷达探测（钻孔清晰可见）

(4) 独立基础和人工挖孔桩雷达检测

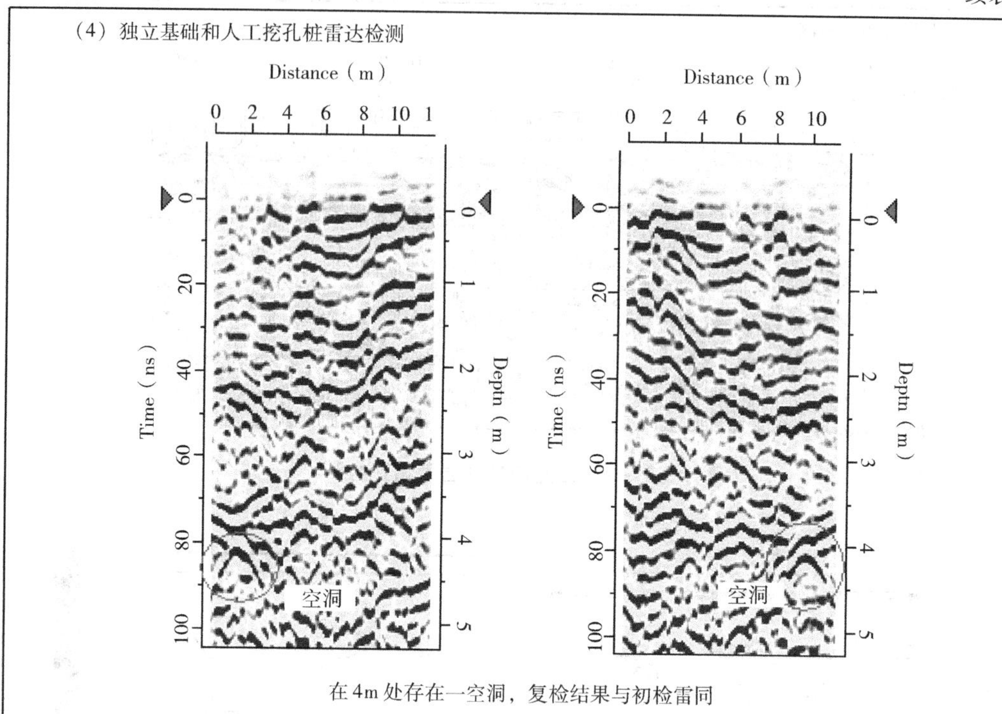

在4m处存在一空洞，复检结果与初检雷同

图4.2.6-5 旅游路独立基础检测

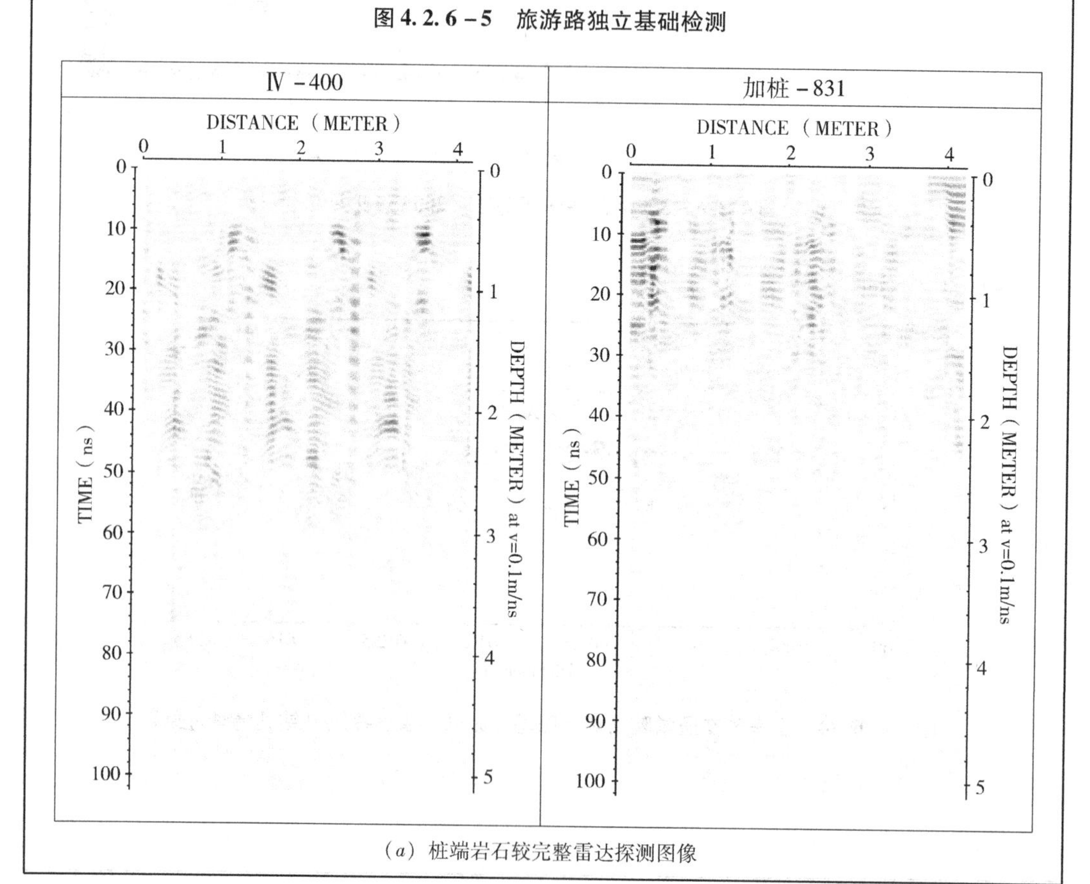

(a) 桩端岩石较完整雷达探测图像

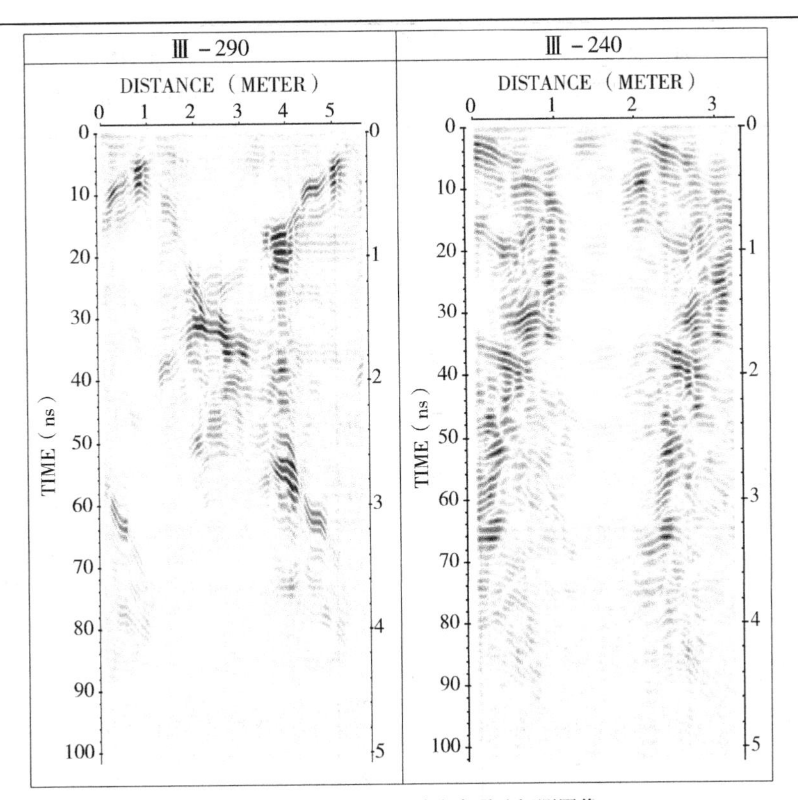

（b）桩端岩石节理、裂隙发育雷达探测图像

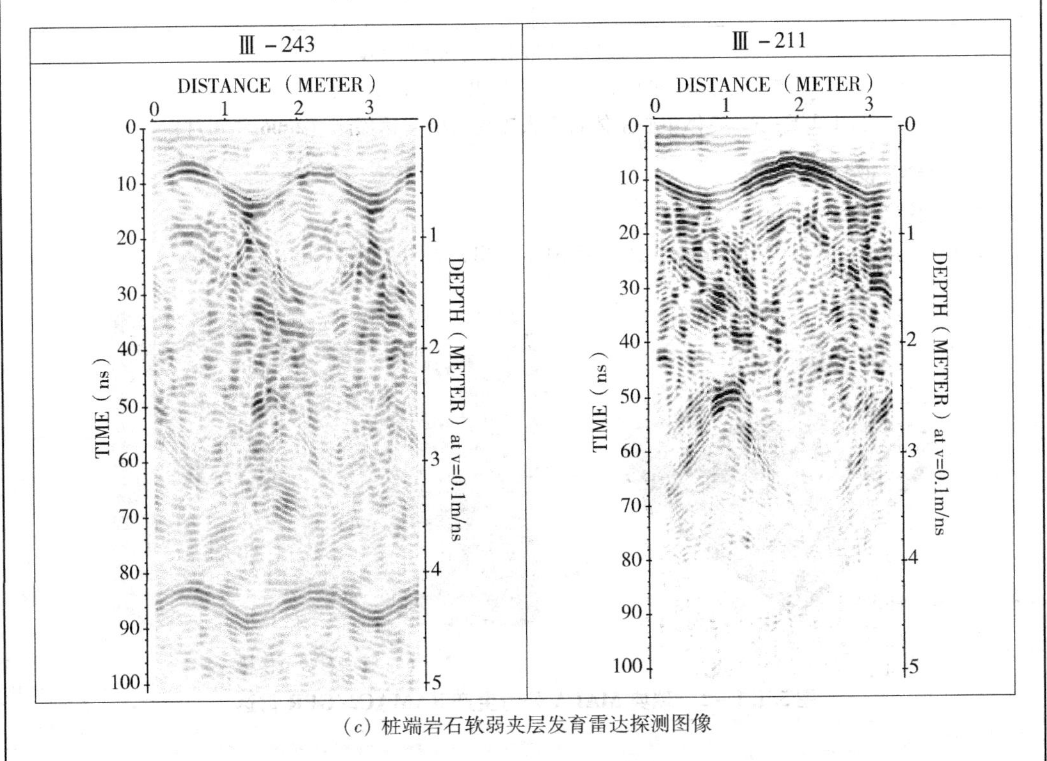

（c）桩端岩石软弱夹层发育雷达探测图像

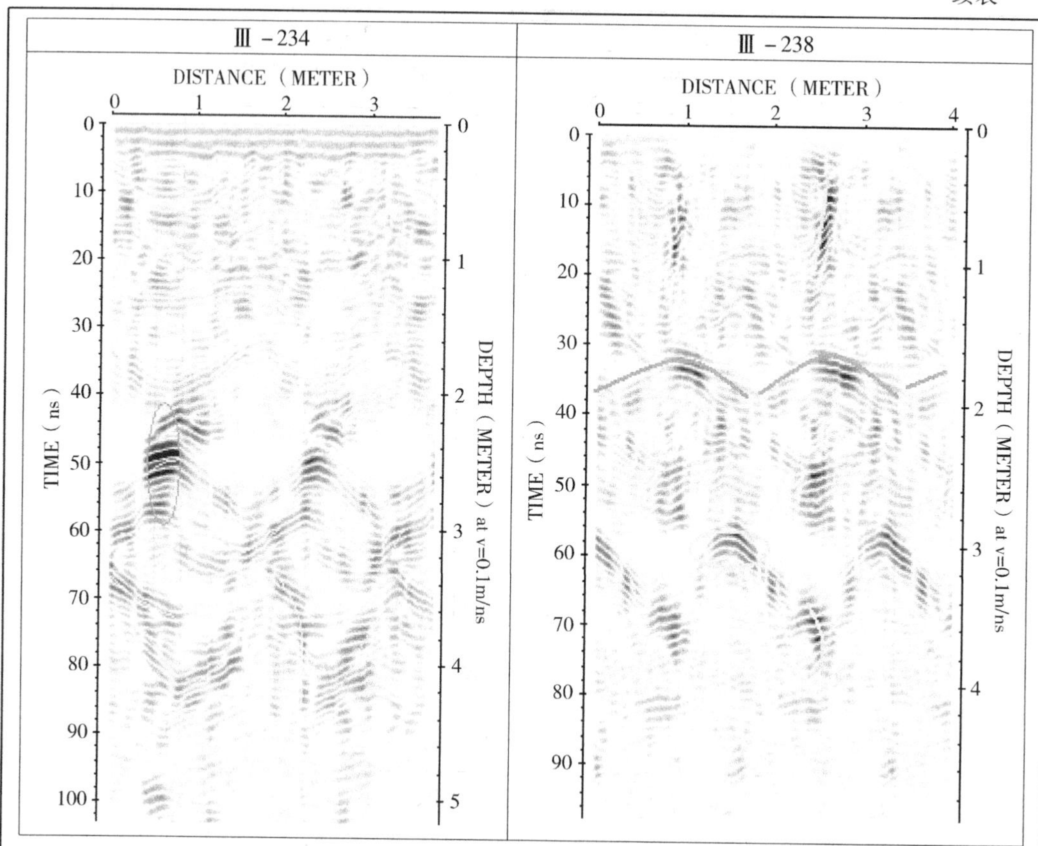

（*d*）桩端岩石岩溶发育雷达探测图像

采用500兆屏蔽天线，用Reflexw软件出图

图4.2.6－6　奥体中心主体育场人工挖孔桩雷达探测（2006年8月）

5　材料及设备

5.1　仪器设备：

5.1.1　雷达：瑞典MALA公司生产RAMAC2/GPR，见图5.1.1－1。

（*a*）CUII主机

（*b*）MC16多道模块

图5.1.1－1　瑞典MALA公司生产RAMAC2/GPR雷达

续表

5.1.2 屏蔽天线：100、250、500、800、1000、1200、1600MHz，见图5.1.2－1。

(a) 100MHz

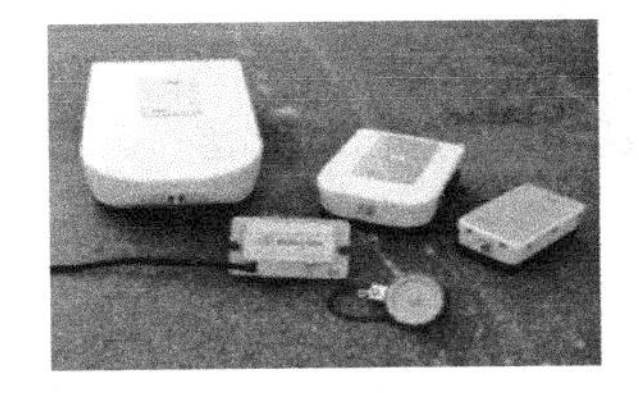

(b) 从左至右：250，500，800MHz
前面：电子单元和测量轮

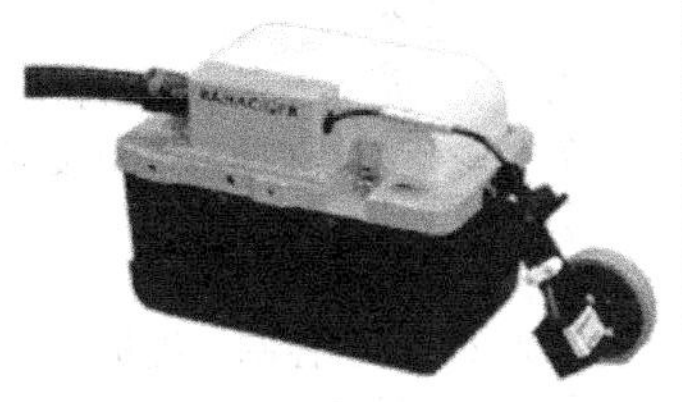

(c) 1000MHz

图5.1.2－1 屏蔽天线

5.1.3 非屏蔽天线：25、50、100、200MHz，RTA50超强地面耦合天线，见图5.1.3－1和图5.1.3－2。

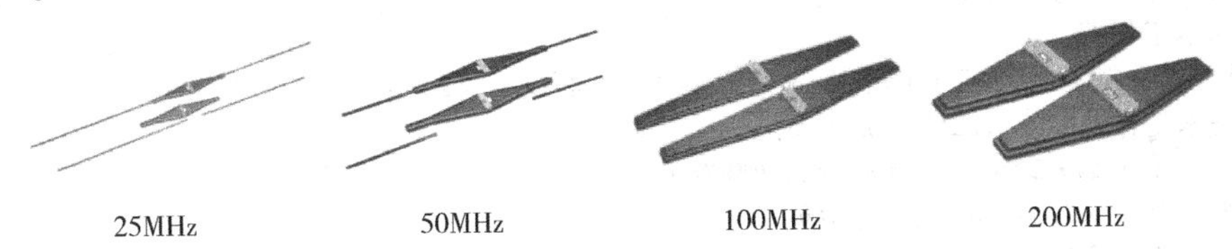

25MHz 50MHz 100MHz 200MHz

图5.1.3－1 不屏蔽天线

图5.1.3－2 RTA50超强地面耦合天线

5.2 用品及材料：

5.2.1 笔记本电脑一台；

5.2.2 打印机、打印纸（A4）；

5.2.3 专用电线；

5.2.4 充电器。

6 质量要求

6.1 基底定位清理平整必须符合要求。

6.2 基底应保持干燥。

6.3 图像数据应认真分析，特别是图像不明处应请有经验的技术人员综合分析论证。

续表

7 安全和劳动组织

7.1 安全

7.1.1 安全要求：携机运行注意用电安全。

7.1.2 基坑（槽）作好支护或防护，防止土方塌落。

7.2 劳动组织

7.2.1 携机运行2~3人；

7.2.2 设备控制与维护1人；

7.2.3 图像数据分析1人。

8 效益分析

8.1 成本分析：

8.1.1 钻孔探测：每延米250~380元/m，每孔1600~3200元/孔，按工程一般需作10~16孔计算约1.6~4.2万元/每个工程。

8.1.2 雷达探测以上26层、地下二层框架剪力墙结构形式，高100.1m，基坑面积12400m^2的济南高新区知识产业基地B1楼工程为例：

①基本工作费：

线距1m，连续观测13500元/km×45m×40（剖面线）=24300元

②技术工作费：①×22%=5346元

总计：①+②=29646元 优惠价为20000元

每颗柱基条基收费440元，复检免费

基本工作费：线距20cm，连续测量

①小：13500元/km×1.8m×9（剖面线）=218.7元

②大：13500元/km×4.8m×24（剖面线）=1555.2元

技术工作费：

①×22%=48.1元

②×22%=342元

总费用：（基本工作费+技术工作费）×50%=1082元

8.1.3 与钻孔经济比较：

总物探费为：21082元

节省勘探费用为：4.2万元-2.11万元=2.09万元，节约勘探成本50.12%，十分可观。

8.2 技术经济效益：

8.2.1 缩短了地基勘察工期，有利于加快地基处理工期。

8.2.2 为工程提供全面地质资料，有利于地基处理。

8.2.3 降低工程地质勘察成本，有利于节省工程造价。

8.2.4 有利于提高工程地质勘察的科技含量，符合节能、减排、环保生态要求。

8.2.5 大幅度减轻勘测人员的劳动强度，提高工作效率。

9 工程实例

自2005年以来年完成的工程项目有：

9.1 西气东输晋宁联络线岩溶雷达探测；

9.2 潍-莱高速路病灾害调查雷达探测；

9.3 济-莱高速桥梁扩大基础、人工挖孔桩雷达探测；

9.4 烟台环海高速海洋段海底基岩面雷达探测；

9.5 海蔚广场桩基雷达检测；

9.6 阳光100国际新城二期、三期桩基雷达探测；

9.7 卧龙花园·龙泰苑人工挖孔桩雷达探测；

9.8 山景园人工挖孔桩雷达探测；

9.9 胜利油田现河采油厂注浆效果雷达探测；

9.10 章丘洛庄汉墓、平陵古城雷达探测；

9.11 山东交通学院校园路注浆效果雷达探测；

9.12　济南市政务中心人工挖孔桩雷达探测； 9.13　怡科产业基地科研楼人工挖孔桩雷达探测； 9.14　山东省淄博市博山桑园社区岩溶调查雷达探测； 9.15　山东省地矿局世纪佳园人工挖孔桩雷达探测； 9.16　济南奥体中心主体育场人工挖孔桩雷达探测； 9.17　鲁能领袖城人工挖孔桩雷达探测； 9.18　济南奥体中心体育馆、网球馆、游泳馆独立基础雷达探测； 9.19　济南奥体中心平台商业区、地下车库人工挖孔桩雷达探测； 9.20　济南“IT”知识产业总部基地 B1 楼
关键技术及保密点（有专利权的，请注明专利号）： **关键技术：** 1. 高压窄脉冲技术。运用雷达发射天线向地下发射高频宽带电磁波，当其遇到不均匀体的分界界面时，就会产生反射波，被接收天线所接收，经过转换卡将反射波的脉冲电信号转换成数据信号，并传送给雷达主机。 2. 雷达波的穿透深度技术。主要取决于地下介质的电磁能和波的频率。 3. 宽带天线技术。采用高分辨率的天线设计。 4. 综合分析处理软件。 5. 数据传输技术。 **保密点：** 超强地面耦合天线技术（保密点）
技术水平和技术难度（包括与国内外同类技术水平比较）： **技术水平：**瑞典 MALA 公司的探地雷达在国际上处于领导者地位，它是世界上占领先地位的三大探地雷达生产商之一。其产品包括通用型雷达、管线雷达和钢筋混凝土雷达等专业雷达。2006 年，瑞典 MALA 公司的雷达市场占有率在国际上已经达到 50%，是最大的探地雷达生产商。瑞典 MALA 公司的探地雷达技术水平在世界上处于领先地位，如它的孔中天线、超强地面耦合天线、地面耦合式 2.3GHz 天线，目前世界上只有 MALA 公司有该种产品。 技术难度：RAMA 探地雷达的 CUⅡ主机与发射高频率宽带电磁波天线及后处理软件是该工法关键技术难点，探地雷达属于高科技产品，它的天线制作工艺和技术，在世界范围内都属于难题。中国先后有三十多家科研单位、高校和公司都从事过探地雷达的研制，但目前没有一家能达到工程应用阶段
工法应用情况及推广应用前景： 本工法在济南高新区知识产业基地 B1 楼工程应用受到各参建方的一致好评和认可，雷达物探技术对地基地下情况探测，施工简捷，能较快的出具相关数据，而且探测基坑（槽）下的任何部位地基情况，为设计人员提供准确的记述数据，同时给短探测周期，节约成本，提高检测精度，大幅度减少能源消耗和消除环境污染，是一项有利于节能减排的先进技术，该工法具有很广阔的推广应用前景
经济效益或社会效益： 采用雷达物探探测地基，既能节约大量的成本，费用仅是钻孔探测的 1/2，又能减少环境污染和资源消耗，还能缩短勘探周期，大大提高了施工效率，提供的数据准确可靠，属于生态环保物探施工，产生了很好的技术经济与生态节能环保等社会效益

续表

工法主要完成单位意见	本工法经过实际工程的验证，在知识产业基地 B1 楼工程取得了良好的技术经济及节能减排环保社会效益，有比较成熟的施工工艺，具有很广的推广价值，同意申报山东省省级工法。 年　月　日 （公　章）
申报地区推荐意见	年　月　日 （公　章）
专家评审推荐意见	评审组长： 年　月　日
省建管局审定意见	年　月　日 （公　章）

附件目录

一、关键技术的鉴定证书复印件（略）

二、工程应用说明（略）

三、经济效益证明（略）

四、关键技术获科技成果奖励的证明（略）

4 工法的审定与管理

4.1 工法的审定

工法的审定与公布，建设部颁发的《施工企业实行工法制度的实行管理办法》中，对工法的申报、评审、考核和管理已有原则的规定。有些地区和部门也相应的颁布了管理办法，进行了工法的申报、评审和确认，产生了一大批二级工法，取得了丰富经验；而多数地区、部门和企业还正在观望、等待。现仅就《办法》中的有关规定作一点介绍。

（1）工法分三个等级，分别由建设部、地方或部门、企业三个层次管理。其关键技术达到国内领先水平或国际先进水平、适用性强、有显著经济效益或社会效益的为一级工法，由建设部会同国务院有关部组织专家进行评审、确认；其关键技术达到地区、行业先进水平、适用性较强、有较好经济效益和社会效益的为二级工法，由地区、行业的建设主管部门组织有关专家进行评审、确认；其关键技术达到企业先进水平、有推广价值的为三级工法，由企业自行评审和确认。

（2）建设部颁布的《工程建设工法管理办法》第八条明确规定：工法的审定工作按工法等级分别由企业和相应主管部门组织进行。审定时，应聘请有关专家组成审定委员会，评委人数由组织审定单位确定，其中具有高中级职称的评委不得少于30%。评委要保持相对中立，对个别工法，可根据情况聘请有关专家参加审定。审定工法时，专家们应根据工法的技术水平与技术难度、经济效益与社会效益、使用价值与推广应用前景、编写内容与文字水平综合评定等级。

省级工法评审由省建设行政主管部门聘请专家组成工法审定委员会，定期对各地区申报的工法进行评审。

4.2 工法的公布

经工法审定委员会审定的企业级、省（部）级和国家级工法，分别由企业和相应的专管部门批准公布、行文或上网公示。经公布的企业级工法只可以申报省（部）级工法。经公布的省、部级工法才能申报国家级工法。

4.3 工法的推广与应用

（1）各级主管部门要加大工法宣传力度，利用各种手段宣传工法的基本知识和已实行工法企业的典型经验；要组织出版省部级工法和国家级工法的汇编；要组织项目经理学习工法，并在工程施工中加以应用。

（2）企业要根据承建工程的特点，编制推广应用工法的年度计划。工法可作为技术模块在施工组织设计和标书文件中直接采用，工程完工要按时总结工法的应用效益。

企业要注意技术跟踪，随着科学技术进步和工法在应用中的改进，对工法进行修订，以保持工法技术的先进性和实用性。

工法是指导企业施工与管理的一种规范化文件，是企业技术标准的重要组成部分。正如前面所指出的那样，今后施工企业的技术标准主要由两部分组成。工法属于企业高层次的技术标准，为项目经理或工程技术人员用于指导工程与管理；而工艺标准（操作规程、工艺卡、作业要领书、标准化作业），主要用于工程技术人员向工人班组或分包作技术交底。

4.4 工法的考核与奖励

各级主管部门要把企业实行工法的效果，作为企业技术进步考核的重要内容之一。在企业资质动态管理和大中型工程项目的招投标中要把工法作为评价企业的重要条件之一。特别对获得国家级工法的企业，应予优先考虑。建立工法考核等级，各地区、各部门建设主管部门对施工企业实行工法评优作为技术进步内容之一，逐步做到与企业资质、企业升级、招标投标管理办法挂钩，推动企业的技术进步。建设部颁发的《施工企业技术进步考核暂行办法》中，已将工法作为施工企业技术工作综合评价指标的一项内容。

（1）考核的主要内容是：获得各级工法的数量（重点是获得国家级、省（部）级工法的数量），推广应用工法取得的经济效益和社会效益。

（2）各级主管部门对开发和应用工法有突出贡献的企业和个人，应给予表彰。对获得国家级和省部级工法的单位，应颁布证书，并通过各种媒体予以宣传。

（3）企业应对开发编写和推广应用工法中有突出贡献的单位及个人予以表彰，颁发荣誉证书，并作为业绩考核和职务、职称、晋升的重要依据之一；对获得国家级工法者每项奖励不低于3000元，获得省（部）级工法者每项奖励不低于1500元，获得企业级工法者，每项奖励不低于500元。对工法的管理与推广工作有显著成绩者，也应给予一定数额的奖金。奖金从企业奖励基金中列支。

工法是企业技术进步的重要组成部分，有关工法的开发、编写、审定等费用应从企业技术开发经费中支出。

工法的知识产权归企业所有。职工对工法技术的发明、创造和提出的“诀窍绝招”，应受到知识产权保护。企业在申请省部级和国家级工法时，其保密部分可作为附件送审，各级评委不得泄密。工法在对外宣传和发表时，其保密部分可以删除。

企业开发编写的工法，可根据国务院发【1985】7号文《关于技术转让的暂行规定》，实行有偿转让。工法中的关键技术，凡符合国家专利法、国家发明奖励条例和国家科学技术进步奖励条例的，可分别申请专利、发明奖和科学技术进步奖。工法管理办法适用于从事工程建设的企业。

5 施工工法的特点

5.1 工法与施工方法、施工（技术）方案、施工组织设计的关系

工法与施工方法是同义词。建设部颁布的文件中赋予工法一词有明确的定义，并在这个词的前面冠以几个特定的限制词，从而形成了我国工法特有的含义。我们平常所说的施工方法仅是对施工工艺、施工技术的一种泛指，工法则要求技术与管理相结合，强调必须经过工程实践形成的综合配套的施工方法。这是对施工规律性的认识和总结，而且还要在企业标准中赋予一定的位置。因此，仅用施工方法来表述工法就显得不够完整、不那么确切了。我们能否这样认为：工法与施工方法在词义上是相通的，而在含义上又不完全相同，两者不可随意取代。

其次，是工法与施工（技术）方案，既有相同性，也有差异性。工法与施工方案都是针对施工中的技术问题，并提出解决技术问题的具体方法。所不同的是：工法是工程实践的经验总结，是施工规律性的综合体现，在施工之后形成的。施工方案则是针对工程施工中的技术难点，提出合理的解决方法，它来自过去工程的实践经验，一般产生在新的施工工程之前。施工方案经过实践之后，通过再认识也可以总结形成工法，这就是企业的技术跟踪和技术积累。

再者，是工法与施工组织设计，这是两个截然不同的概念。工法是企业标准的重要组成部分，是企业积累施工技术编制的通用性文件。而施工组织设计是针对具体工程的施工管理编制的指导性文件。施工组织设计的内容，一般应包括工程概况、建设项目所在地的自然条件和社会条件、主要工程项目的施工方案、施工进度安排及网络计划、施工总平面与临建计划（包括水、电、气管线）、施工机械设备及脚手板等的使用计划、劳动力调配计划、质量安全保证措施与降低成本措施等，都是工法文件所没有的。组织设计中的主要工程项目施工方法，可以采用已有的工法成果，这就是工法作为施工组织设计的标准模块，从而简化了施工组织设计的编制工作。但是，工法不能直接取代施工组织设计，也不能取代工程项目的具体方案。

5.2 工法与规范、规程及有关技术标准的关系

根据中华人民共和国标准化法的规定，我国技术标准分三个层次，即国家标准、行业标准和企业（事业）标准。工程建设的国家标准除一部分产品外多数称规范；规程大多为行业标准，但是也有例外，如建筑工程质量验评标准却是国家标准；操作规程、工艺标准、标准化作业多数为企业标准。国家标准级别最高，任何行业、企业标准的有关技术规定都不能与国家标准相抵触。而企业标准中有些技术规定往往要高于国家标准或行业标准，这是正常现象，对企业生产或施工的严格要求，可有效地保证行业标准的顺利实施。同时，也有利于企业创造优质工程或名牌产品。

工法是属于企业标准范畴，成为企业标准的一个重要组成部分。工法的编制，要以规程、规范为依据，工法中采用的数据一般也不应与规范、规程相矛盾。当有足够根据与规范、规程不一致时，也需经有关主管部门的核准。

早在20世纪50～60年代，我国施工企业曾实行过工艺标准、操作规程、标准化作业、工艺卡等工艺技术制度，对提高工程质量、工人操作技能和管理标准化起了积极的作用。工艺标准、操作规程等有些制度目前还在修改补充，继续发挥指导施工的作用。工法和工艺标准、操作规程虽然都属于企业标准，但服务层次却完全不同。工艺标准操作规程主要是操作者必须遵守的工艺程序、作业要点与施工质量标准，是施工技术员（工长）向工人班组作技术交底的内容；而工法是针对单位工程、分部或分项工程的工艺技术、机具设备、质量标准以及技术经济指标等，由项目经理（工地主任）进行技术管理的内容。施工企业在作工程的施工组织设计时，必须考虑采用工法的内容。有的工法还会影响工程的技术设计。待工法制度建立后，可算将施工企业技术标准划分为两个层次。工法是企业的高层次标准，为管理者服务；而工业标准、操作规程为较低的层次，为操作者服务。

5.3 工法与技术专利、诀窍的关系

在当前激烈的市场争竞下，编写工法会不会泄露技术绝密？答案是，只要处理得当不仅不会泄露，而且还会提高企业的声誉，更有利于企业的竞争。同时，在施工工法的管理中明确规定工法的知识产权归企业所有。职工对工法技术的发明、创造和提出的“诀窍绝招”，应受到知识产权的保护。企业在申请省部级和国家级工法时，其保密部分可作为附件送审，各级评委不得泄密。工法在对外宣传和发表时，其保密部分可以删除。

凡涉及技术秘密方面的问题，将严格按照知识产权法的相关规定予以保护。工法编写时可能会遇到技术秘密方面的内容，作者可巧妙的予以回避，使读者能轮廓地了解工法的大致内容，但不一定能真正掌握核心机密，有的工法中包含的技术专利，编写时直接写明专利号，需要者可另行办一专利转让或请拥有该项目技术的企业承包工程。如，“粉体搅拌工法”是日本建设省综合研究项目之一，是由建设省土木研究所牵头，与日本建设机械化协会共同开发的一种软土地基加固方法。该法初期只能用于5m以内的表层土加固，经改进后可加固深度达到30m的土体。在“粉体搅拌工法”的前言中就明确指出这项工法包含有两项技术专利，并告知专利编号，欢迎技术转让或承包工程。有关方面一定要把握好工法中的技术内容，是否真正属于技术秘密？否则，如果对不该保密的内容也搞技术封锁，把人家早已公开了的技术仍抱住不放，这不利于社会技术进步，也不利于本企业的竞争，关于技术秘密的分寸一定要掌握得当。工法在申报、确认时，一定要将核心机密等全部报出，否则，不利于评审。在评审制度与评审人员守则中明确规定，对申报材料，审查人员应予以保密，评审后材料全部销毁。因此，工法的申报材料与公开刊登的不必强求一致，属于技术秘密部分的内容，公开发表时应予以删除。这样，就避免造成企业的专利或诀窍任意外泄。在专利制度贯彻执行中，知识产权法也必须贯彻执行。

5.4 工法与技术论文的关系

众所周知，技术论文是反映和表达与工程建设有关内容的形式，它可以是施工前或工程建设前的表述，也可以是施工过程中和施工后的技术总结，内容甚至可以是示例与想象、策划与安排。其数据也可以是估计与测算，并不一定必须要有操作性。而施工工法则不同，它是经过工程时间证实，且由实践中总结出来的有实用价值和可操作性很强“工艺方法和工程方法”，是最实际的技术论文，也可以说是技术论文的一种特殊的、比较规范的、具有严格内容的写作形式。因此，施工工法完成可以作为技术论文予以发表。

既然施工工法是技术论文的一种写作方式，它必须符合论文的要求，即论点要明确，论据要充分，框架结构要合理。文字要简练，语言要通顺，数据要准确、真实。

6 施工工法的作用

6.1 验收规范的支持体系

施工工法已成为建筑工程质量验收规范知识体系重要内容之一，在《建筑工程施工质量验收统一标准》GB 50300—2001 中明确将其列入质量保证体系，如图 6.1－1 所示。

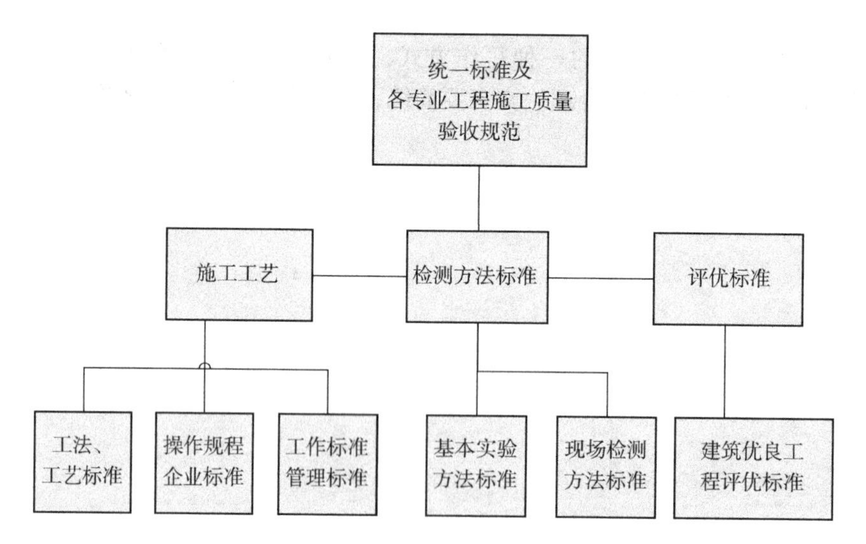

图 6.1－1　工程质量验收规范支持体系示意图

6.2 企业资质的需要

建筑施工企业资质等级标准中明确规定，特级总承包施工企业必须有国家级工法。申请施工总承包企业特级资质标准，必须具备以下条件：

（1）企业资信能力：

1）企业注册资本金 3 亿元以上。

2）企业净资产 3.6 亿元以上。

3）企业近三年上缴建筑业营业税均在 5000 万元以上。

4）企业银行授信额度近三年均在 5 亿元以上。

（2）企业主要管理人员和专业技术人员要求：

1）企业经理具有 10 年以上从事工程管理工作经历。

2）技术负责人具有 15 年以上从事工程技术管理工作经历，且具有工程序列高级职称及一级注册建造师或注册工程师执业资格；主持完成过两项及以上施工总承包一级资质要求的代表工程的技术工作或甲级设计资质要求的代表工程或合同额 2 亿元以上的工程总承包项目。

3）财务负责人具有高级会计师职称及注册会计师资格。

4）企业具有注册一级建造师（一级项目经理）50 人以上。

5）企业具有本类别相关的行业工程设计甲级资质标准要求的专业技术人员。

（3）科技进步水平：

1）企业具有省部级（或相当于省部级水平）及以上的企业技术中心。

2）企业近三年科技活动经费支出平均达到营业额的 0.5% 以上。

3）企业具有国家级工法 3 项以上；近五年具有与工程建设相关的，能够推动企业技术进步的专利 3 项以上，累计有效专利 8 项以上，其中至少有一项发明专利。

4）企业近十年获得过国家级科技进步奖项或主编过工程建设国家或行业标准。

5）企业已建立内部局域网或管理信息平台，实现了内部办公、信息发布、数据交换的网络化；已建立并开通了企业外部网站；使用了综合项目管理信息系统和人事管理系统、工程设计相关软件，实现了档案管理和设计文档管理。

（4）代表工程业绩。

6.3 企业施工的需要

众所周知，建筑施工企业的产品是建筑物与构筑物，而建筑物的建造是按法规、技术运用材料、机械、工具、劳动力等资源的施工过程，建筑施工是工程建设中至关重要、十分关键的过程。工程建设大致有三个主要阶段，即：第一，计划阶段。这一阶段是初步策划、筹备阶段，是人们的思维阶段；第二，是勘察设计阶段。是进入初步实施，但仍然是文字资料图纸等之上阶段；第三，即施工阶段。是全面实施并实现的阶段，这一阶段占用了整个工程建设的 100% 的物力、80% 以上的人力、70% 以上的财力，工程优劣、快慢，成本的高低都取决于这一阶段的施工操作与管理。

工程建设的施工有着丰厚的内容，首先，要掌握施工技术即分部分项乃至子项工程的规程、规范、工艺、标准。第二，必须懂得施工管理与组织，涉及到建筑施工的管理，多达 20 余项。第三，建筑施工的目的不仅是为社会提供优质高效的建筑产品，同时必须要创造客观的经济效益为国家积累资金财富，为企业及员工赢得物质来源和创造生存发展的动力基础，以及良好的社会效益，这就是必不可少的社会性参与必须承担的社会责任。

建筑施工阶段有其特殊的制约因素。如露天作业、季节性强、流动性大，工程体量大造价高，人员多且复杂，设计环节多，技术更新快，风险大，市场竞争激烈等更使得建筑施工成为难度大、技术高、管理复杂的阶段。

如何适应建筑施工的特点，推行工法是一项很有效的措施，它可以将工程分项、子项的施工阶段所涉及的因素、所需要的管理内容浓缩集中在施工工法中，使建筑施工走上依法施工的轨道。我们可以通过一项工程实例说明施工工法的作用。如，水泥砂浆地面的施工，这是一项量大面广且质量不易保证，人工、材料耗用多的子项工程。要干好这项工程，施工与管理人员必须掌握、《建筑地面工程施工质量验收规范》（GB 50209—2002）、施工定额及安全操作规程、建筑材料、建筑机械等内容，并从中找出相应条款与数据。而通过工程实践形成的《机制水泥砂浆地面施工工法》则按照编制要求，十个方面内容就可以将这一子项详细完整且准确地表达出来。这无疑减少了查阅大量书籍资料的麻烦，浅显易懂，便于质量、安全和成本的控制，又有已成熟的工程实例，自然有利于现场施工操作，有利于劳务层和管理层的工作上水平。

因此，施工工法作为一项集技术与管理合二为一的综合配套施工方法，在建筑施工中愈来愈突显出它的生命力和提高施工水平的优越性，是企业施工生产的一大法宝。

施工工法来源于施工实践，是把先进技术和科学管理结合起来又经过多项实践而形成的，因此，为施工企业科技进步运用新技术形成了平台，进而加强了企业的各项管理，提高了企业的整体素质，大量的施工工法必然会给企业带来丰厚的经济效益，获得省（部）级工法的企业，知名度必然会得到大幅提升。工法体系形成后可以大大简化施工组织设计与施工方案的编制，直接用于工程投标进入技术与商务标书。对于一些特殊工艺的工法将会起到有类似工程施工经验的独特作用，非常有利于工程中标。在激烈的建筑市场竞争中，施工工法又会成为扩大企业市场占有率的强劲实力。

施工工法的推广应用与 ISO 9000 质量管理体系和 ISO 14000 环境管理体系有着密不可分的联系。它是现代化企业管理体系中 B 层次程序文件与 C 层次作业指导书的核心内容之一。因此，推行施工工法对建筑施工企业与国际接轨，尽快走上现代化科学管理轨道发挥了重大作用。

施工工法也为企业员工撰写技术论文、施工总结提供了良好机遇，为员工评定职称、晋升职称，参评各种奖项创造极好的条件搭设了便捷的平台。

6.4 科技进步的体现

政府肩负着管理与发展的两大职能。要推进施工企业技术进步，必须采取行政、经济、立法等多种措施。国有大中型企业过去长期受计划经济所左右，工程方法又习惯于自上而下地接受部门指导。这就是我国的现实。工法反映了施工中的技术规律，又不能超越我国现实的管理方法。制度中要求逐级申报、评定、确认、建立国家、地区或行业、企业三个层次的工法管理网络，不仅审定其技术的可靠性，而且用行政的方法促进企业重视技术经验积累，推进企业技术进步。

企业开发编写的工法，可根据国务院发【1985】7 号文《关于技术转让的暂行规定》的规定实行有偿转让。工法中的关键技术，凡符合国家专利法、国家发明奖励条例和国家科学技术进步奖励条例的，可分别申请专利、发明奖和科学技术进步奖。工法管理办法适用于从事工程建设的企业。

6.5 工程奖励的内容

我国建筑业自 1992 年推行工法制度以来，取得了巨大成效，有力地提高了工程质量与安全，创造了显著的技术经济与社会效益，增强了建筑施工企业的实力，更提升了广大工程技术人员和工人的素质。已成为企业资质评审、考核企业施工水平、评定企业科技进步的重要标准，以及施工人员晋级、评定职称、获取奖项、评定能力业绩的主要依据。特别是已成为各级政府奖项评审的基本内容，根据《山东省建筑业企业工法管理办法》的有关规定，省建筑工程管理局对获得省级工法的单位和个人颁发荣誉证书如图6.5－1所示。

图6.5－1　荣誉证书

有关建筑企业应对在编写和推广应用工法中作出突出贡献的个人进行奖励，并作为业绩考核和职务、职称晋升的重要依据。极大地激发了各建筑企业和员工的积极性。

同时，施工工法也被列入高技能人才评定技师、高级技师、有突出贡献技师、首席技师的标准条件，在一些省市主管部门的文件中作出了明确规定。如山东省济南市政府自2005年以来在享受政府特殊津贴的高技能人才评选中，就把“参与编制国家、省级标准工艺、工作法方面，在消除质量通病、安全隐患中有突出贡献”列为主要评选条件。特殊津贴十分可观，“首席技师每月600元，突出贡献技师每月300元，连续享受四年，直接由济南市政府发放”。另外，获得高级技师职称的人员退休与高级工程师同等待遇。济南市团委、国资委等七部门还把“获得市级以上工艺标准的青年”列为评选“青年岗位创新能手”的基本条件之一。

国家每两年召开一次大会，表彰、奖励取得国家级工法的先进单位，如2008年中国建筑业协会于9月下旬在北京召开表彰大会。

为隆重纪念改革开放30周年，系统总结建筑业改革以来企业技术进步与科技创新的基本经验，深入贯彻落实科学发展观，以科技创新促进建筑业的可持续发展，切实增强提高企业自主创新能力，对全国建筑业科技进步与技术创新成果进行经验交流与表彰。

6.6　工法对施工企业的好处

在工法施行过程中，工程技术与经营管理人员、领导层与管理层、操作层普遍体会到，过去由于不重视技术积累，企业经历过几个历史时期，承担过重点工程项目，有丰富的实践经验，但都很难找到文字的记载。有的资料仍在散失，经验正在失传，这都是企业技术财富的重大损失。通过施工工法有效地改变了这一状况，根据初步实践，编制和应用工法，施工企业获得的好处与收益主要有：

（1）有利于企业技术积累。通过编写工法，可以对企业的技术进行系统的整理和总结，形成本企业宝贵的技术财富，有助于提高企业技术素质和施工管理能力，有助于提高工程管理人员的技术水平和文字表达能力。

（2）有利于加强企业的技术管理，促进科技成果迅速转化为生产力。工法体系形成后，施工企业可以用工法与工艺覆盖技术工作的每一个侧面，推进企业技术管理标准化。工法的编制、应用与科技成果推广紧密结合，有利于企业采用新技术。

（3）工法具有新颖、适用和可宣传性的特点，对内可作为组织施工和普及职工技术教育的工具性文件，对外有利于工程项目的招标竞争与企业的开拓经营。

（4）企业工法体系形成后，可大大简化施工组织设计的编制和制定施工方案的准备工作，也有利于企业的经营竞争。

施工企业在刚实行工法的时候，可能会感到不习惯、怕“麻烦”。但是，经过二十年的不断坚持，现在已经形成习惯和制度。有些企业由于先走一步已开始由编制转向推广应用，从推广行之有效的工法中取得效益，尝到了甜头。这也是工法制度能够得到迅速发展的关键所在。广大施工企业必须从实际出发，在工程实践中不断探索施工管理的新机制，有效地推进企业的技术进步。

（5）企业通过推行施工工法不仅提升了知名度，提高参与市场竞争的能力与资本，更重要的是促使广大员工不断学习新技术、新知识，捕捉新信息，及时跟上迅速发展的建设科技，不断总结积累施工经验，在获取科技成果、科技奖项的同时，不断增加企业的技术积累，进而为企业创造更大的技术经济效益与社会效益。

7 施工工法示例

7.1 建筑工程

7.1.1 基础工程

高层建筑地基详细勘察施工工法

建筑工程地基基础关系着建筑物整体的工程质量、安全及造价，为建筑设计提供岩土工程地质资料及设计所需的各类岩土技术参数，岩土工程勘察的质量则是保证建筑物的造价、施工进度和质量的重中之重，岩土工程勘察是工程建设先期的关键环节。由于高层建筑的荷载大，设计地上、地下层数多（一般为2~3层），基础埋置深度及底面积大，所涉及的地质情况复杂，成为地基基础设计取值计算的难题，为此，必须保证岩土工程地质勘探的质量，以及在保证勘察施工质量的情况下，尽快提供岩土工程地质勘察报告。

针对多年来岩土工程勘探的经验，探索出较为成熟的施工工法，在多项岩土工程勘探应用中取得良好成果，总结成本工法。

1. 特点

（1）详细勘察施工工法，规范了岩土工程的施工过程及操作要点。

（2）有利于高层建筑地基的勘探，并缩短勘探施工进度，提高勘探效率。

（3）有利于保证地基勘探的施工及整体质量，确保为工程提供准确、可靠的岩土工程勘察报告。

（4）有利于保证地基勘探施工过程中的施工安全，防止安全事故的发生。

（5）节省地基勘探成本，降低勘探费用，为业主节省工程造价。

（6）在勘探过程中，注意泥浆等废弃物的排放及整个场区在勘探过程的环境环保问题，有利于勘探工程的节能减排。

2. 适用范围

凡进行岩土地质勘探的工程均可采用本工法。

3. 工艺原理

按照《岩土工程勘察规范》（GB 50021—2001）、《高层建筑岩土工程勘察规程》（JGJ 72—2004）的有关规定，结合工程的实际情况，对详勘规程进行有效细致的优化，使详勘更趋于科学合理。

4. 工艺流程及操作要点

（1）工艺流程

编制详细的岩土工程勘探方案→现场进行勘探点放样定位→调配设备进行勘探施

工→在施工过程中进行勘探取样→进行室内土工试验→编制岩土工程勘察报告。

（2）操作要点

1）编制岩土工程勘探方案

按设计要求，结合《岩土工程勘察规范》（GB 50021—2001）、《高层建筑岩土工程勘察规程》（JGJ 72—2004）的有关规定，并根据甲方提供的拟建建筑物上部荷载情况、结构、层数等综合因素，进行岩土工程勘察方案的实施。

2）勘探点的设计布设

勘探点钻孔的布设，勘探点的钻孔孔深、勘探点间距，均应符合国家规范要求。

3）勘探设备

进行岩土工程勘探的设备有 XY－1 钻机、DDP 汽车式钻机。

4）钻孔取样

勘探点钻孔土样的采取应符合现行国家规范规定，每层土取样个数不应少于 6 件，应满足数理统计要求。

5）岩芯采取率的控制

岩芯采取率应满足下列规定：

①坚硬完整的岩层中，岩芯采取率不应小于 80%；

②在强风化、破碎的岩层中，不应小于 65%；

③黏性土地层，不应小于 85%；砂土类地层，不应小于 65%；

④碎石土类不应小于 60%。

6）采取岩土样进行室内物理力学指标试验

土样，应进行常规试验（含水量、密度、干密度、孔隙比、饱和度、液限、塑限、压缩、固结、剪切试验）。特殊试验，应根据场区揭露的地层情况，确定是否需要其他特殊试验项目（黄土的湿陷性试验、三轴剪切试验等）。

7）所有资料汇总、整理

根据外业钻探及室内土样物理力学指标试验结果进行汇总，分析统计，整理成图表文字。进行审核，审定，提交合格成果报告。

5. 外野勘探设备

（1）机械：XY－1 钻机，用于现场岩土工程钻探施工。

（2）测量仪器：全站仪（索佳 510），用于现场岩土工程勘探孔位置的测量使用。

6. 勘探所需材料

（1）能源：柴油（用于机械设备动力）、水（用于钻探所需泥浆的调制）。

（2）黏土粉：用于钻探过程中钻探孔的护壁。在钻探过程中，防止钻探事故的发生（如钻探孔坍塌等事故）。

7. 质量要求

（1）主要规范依据

1）《岩土工程勘察规范》（GB 50021—2001）；

2）《高层建筑岩土工程勘察规程》（JGJ 72—2004）；

3）《建筑抗震设计规范》（GB 50011—2001）；

4）《建筑地基基础设计规范》（GB 50007—2002）；

5）《建筑地基处理技术规范》（JGJ 79—2002）；

6）《建筑桩基技术规范》（JGJ 94—2008）；

7）《建筑基坑支护技术规程》（JGJ 120—99）；

8）《建筑工程抗震设防分类标准》（GB 50223—2008）；

9）《土工试验方法标准》（GB/T 50123—1999）；

10）《工程岩体试验方法标准》（GB/T 50266—99）；

11）《建筑工程地质钻探技术标准》（JGJ 87—92）；

12）《岩土工程勘察文件编制标准》（DBK 14—S3—2002）。

（2）项目部设置及质量保证措施

1）项目组织机构图（图 7－1）；

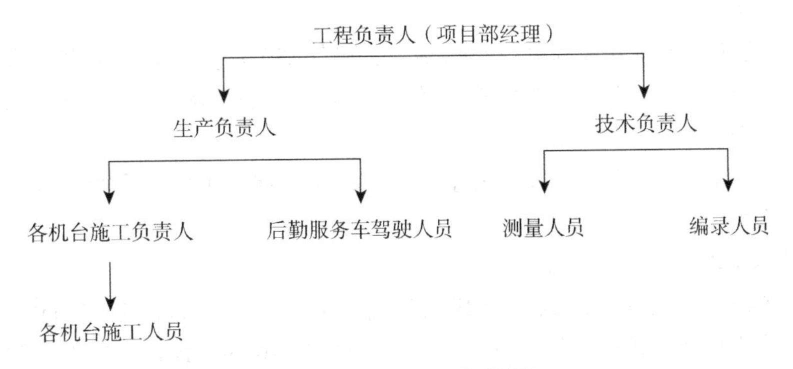

图 7－1　项目组织机构图

2）职责：

①工程负责人。主持该项目的全面工作，达到高效、安全、按期、保质的完成本次施工任务。

②生产负责人。配合工程负责人开展全面工作，负责该项目的施工组织安排，解决钻探过程中出现的问题，达到无安全事故，按期完成生产施工任务。

③技术负责人。全面负责该项目的技术工作，随时抽查各机台施工质量及编录人员的编录质量，发现问题及时解决。协调各编录人员在工程地质认识上的一致性。确保野外编录真实、全面、仔细、认真，为室内编写报告提供可靠依据。

④编录人员。负责监督各机台施工质量，按委托书及勘察设计的要求，确保编录资料真实、可靠。野外描述应详细、准确，不得乱涂乱划。

严格控制回次进尺，按回次进尺分层留好小样，以备检查验收。真实记录钻进过程中出现的异常情况。编录人员应坚守岗位，不得随意离开机台。

⑤测量人员。负责每个钻孔的测放工作，要求准确放孔定位，并实测孔口标高。

⑥土工试验室：严格执行操作规程及项目单要求。

⑦机台施工负责人（机长）。严格按照编录人员的要求进行钻探施工，确保施工质量，紧密配合编录人员工作。

机长应做到：

a. 钻孔准确到位；

b. 钻探回次进尺应在勘察设计中允许范围内；

c. 土样采取应符合规范要求；

d. 原位测试数据应准确、真实；

e. 土样要保存完好。

⑧机台施工人员。听从机长安排，各项工作应按操作规程进行，确保钻探质量，保护自身安全。钻探结束后及时用原土进行回填，回填时必须分层压实。

⑨后勤服务车驾驶人员。听从工程负责人的指挥，负责后勤工作，不耽误野外正常施工。

8. 劳动组织与安全要求

（1）劳动组织：每个钻探机台配置机长1人，技术操作工3~4人。

（2）安全要求：

1）严格按照工程技术规程进行钻探施工，确保施工质量，紧密配合工作。

2）在钻探施工过程中，每个机台工作人员应戴好安全帽，保证在施工过程中机台工作人员的安全。

3）机台传动机构的表面应设置安全防护罩，用于保护工作人员的安全。

9. 效益分析

（1）成本实例

以山东济南高新区ICT信息产业基地为例，本工程建筑面积15万m^2，地上十层、地下两层。外业日期：预计工期20d。设计钻探进尺2460m，预计场区地层为素填土1~2m，粉质黏土5~7m，碎石土2m，中风化石灰岩，设计孔深20m。终孔条件：按设计孔深要求进行，但设计孔深范围内，见完整基岩可钻至中风化基岩5.00~7.00m；若揭露溶洞，应钻至洞底完整基岩不少于2.00m，方可终孔，但应保证基底下中风化基岩不小于5.00m。

现场实际情况为开孔为中风化石灰岩，岩体较破碎，岩体较硬，钻进较困难，在原有预计工期的情况下不能满足甲方要求，在施工过程中，认真查阅《岩土工程勘察规范》（GB 50021—2001）、《高层建筑岩土工程勘察规程》（JGJ 72—2004），拟建建筑物岩土工程勘探点钻孔的布设要求，通过与甲方的认真沟通，将钻孔终孔条件改为基地下一般性钻孔2~3m，控制性钻孔3~5m，最终实际钻探进尺为1200m，为甲方节约进尺1260m，岩土工程勘探造价节约一半。

（2）技术经济效益

根据上述分析，在满足规范的情况下，运用该工法为甲方的岩土工程勘探费用节约勘察成本，为预算成本的一半。

10. 应用实例

《国家信息通信国际创新园ICT总部基地》（2008年10月）。XY-1钻机在《国家信息通信国际创新园ICT总部基地》的钻探设备施工照片如图7-2所示。

图7-2　XY-1钻机现场钻探施工

7.1.2 模板工程

钢模板整形修复施工工法

在建筑施工中作为重要支模工具材料的钢板数量多、用量大，支模及浇灌混凝土过程中极易造成变形和板面孔洞。特别是拆模使用撬棍、铁锤扳动敲砸，空中坠落造成钢模弯曲、开焊、断裂等损坏，直接影响钢模板的使用。又由于钢模板易锈蚀，保管养护不当也会造成大量损失。经测定：模板支撑拆除的变形损坏一般占支模面积的6%～15%，异形弧面模板高达18%～20%，锈蚀损失约占5%～8%，给施工企业造成严重的经济损失。

为此，对钢模板的修复整形已成为亟待解决的重要施工课题，围绕解决该课题而形成的施工工法，有着明显的经济效益和现实意义，以及广阔的推广前景。

1. 特点

（1）随拆随整修，保证了模板的周转使用，降低支模的成本费用。

（2）整形后的钢模板平整光洁，符合质量要求，提高了钢模板的利用率。

（3）机械操作，且技术简便，安全可靠，减轻了工人的劳动强度，提高了现场施工机械化水平。

（4）现场整修，减少了运输搬运费用和场地占用，有利于现场文明施工。

2. 适用范围

凡以钢模板为支模方式的施工项目均可采用，并应优先考虑在施工现场进行钢模板整形修复处理。

3. 工艺原理

采用专用机械对变形损坏的废旧钢模板进行强力挤压处理，使之复原，消除弯曲变形，对开焊、断裂、孔洞等部位用电焊修补，对表面锈蚀和粘附物进行清除，磨光后涂刷防锈或隔离剂，使之重新达到使用要求。

4. 工艺流程及操作要点

（1）工艺流程

对受损钢模板进行分类→消除夹渣，初整形→辗、挤、压复原→检查→补焊→磨光→涂刷→堆放。

（2）操作要点

1）钢模分类：钢模板分为平面模板、阴角模板、阳角模板和连接角模，分别采用平面模板修复机和角模修复机处理。

平面模板的数量最大，规格也最多，常用的有：

宽度分别为：100、150、200、250、300mm。长度分别为：450、600、750、900、1200、1500mm。对钢模板先按规格分类，然后再按操作规程分别处理。

2）清渣整形：将分类后的钢模清除掉肋间混凝土夹渣，使用铁锤或撬棍把严重弯曲变形的钢模砸平砸直，使之能伸入修复机内。即进机前四侧边及筋肋板用手工粗调直，达到在模板长度范围内弯曲度不大于10mm方可进机。钢模凡有严重破裂处（特别是两个端头）必须补焊完整后方能进机，补焊厚度不得超过原形。

3）入机复原：把钢模一端伸入修复机入口处，使筋肋卡入修复机链缝槽内，然后开机，使链条运转，带动钢模板进机。通过机内链块、整形器、边轮等部件的碾、压、挤、磨等综合作用，使钢模复原，并由入口端至出口端。在出口处操作人员对钢模检查，如不符合要求应回车处理，一般往复 2 ~ 4 次钢模即能达到要求。

运转过程中钢模板表面同时得到初步磨光，大部分锈蚀和粘附混凝土得以清除掉。

入机前尚应注意：模板表面、两侧边不得有凸出的焊接物，背面筋槽内有大量积灰不得入机。

4）补焊：整形后的钢模一般需要进行两方面的补焊修复，一是对背面及侧边筋肋条使用电焊进行焊接，使之与面板、纵横肋形成整体。二是对板面孔洞进行补孔处理，这些孔洞大多是由于支模时穿墙螺栓造成的，处理较困难。一般大于 d10mm 的可以直接用电焊条施焊补孔，小于 d10mm 则需要用镀锌钢板（厚度 1.2 ~ 1.5mm）压制成瓶盖形圆片嵌入孔洞后补焊。

5）磨光：先用小钢铲（可用报废的电带锯条加工制作），铲除钢模表面粘附的混凝土，然后用碗形钢丝轮磨光机进行磨光除锈。角向磨光机是手提式工具，小巧轻便灵活，使用方便。

应当注意：模板磨光不宜用砂轮，以免损坏钢模，亦严禁用铁锤锤击，防止造成板面凸凹不平或损伤。

6）涂刷：磨光后的钢模板即可进行涂刷，若急需使用可涂刷废机油或隔离剂，若暂不用，可涂刷防锈漆，以防止钢模锈蚀。

7）堆放：按规格分类堆放于模板工棚或库房内。

5. 材料

电焊条：T40。

镀锌钢板：1.2 ~ 1.5mm（厚度）。

防锈漆：防腐油。

隔离剂：脱模剂。

6. 机具设备

（1）钢模板修复机：平面与角模修复机各一台，以大连市旅顺钢模板修复机设备厂生产为例。

型号：GMTC - 1；

效率：2.6m/min。

润滑要求：

1）对于链轴，要求每周加注黄油两次，加注方法，打开工艺孔压盖，对准轴端油孔用黄油枪加注（共 20 支链轴）。

2）对于装有滑动轴承部分，要求每班加注一次黄油。

3）对于传动齿轮，要求每班加少量黄油。

4）对于减压机，要求经常检查油标，缺油时应即时补加 20 ~ 30 号机械油。

5）对于装有滚动轴承部分，要求每年更换一次黄油。

(2) 电焊机：一台。

(3) 角向磨光机：一台。

手提式功率0.5kW，转速1450r/min。

(4) 工具：铁锤、撬棍、钢钳等。

7. 劳动组织及安全要求

(1) 劳动组织：一般5~8人，其分工为：

钢模板分类初整：1~2人。

钢模板机械修复：2~3人。

电焊补修：1~2人。

刷防锈漆（隔离剂）：1人。

(2) 安全注意事项：

1) 开机前后应注意在链形工作台上不得放置其他金属物，以免滚进链缝，造成故障。

2) 模板进机后由于侧边或肋条超过规定弯曲度，而造成卷边时应及时停机，开反车退出，修好再进。

3) 机器运转过程中，严防有小块金属物掉入链缝槽内。

4) 机器处一般应搭设防护棚，如露天存放必须有防潮防雨及防触漏电措施。

5) 电焊人员必须有上岗证，并应严格遵守电焊工安全操作规则。

6) 防止锤头、混凝土块伤人，防止油漆或隔离剂污染。

8. 质量要求

面板：平整光洁、无孔洞、无翘曲。

筋肋：平整顺直、无断裂、无开焊。

平面弯曲：≤3mm。

侧面弯曲：≤3mm。

防锈化：涂布均匀，无漏刷。

9. 效益分析

(1) 整形修复费用：

工作效率：$S=2.6\times60\times6\times0.25=936\times0.26=234\text{m}^2$/台班。

台班费用：电费：$22\times6\times0.77=101.64$ 元。

人工：$17\times8=136$ 元。

电焊机：30元/台班。

设备摊销36元/台班。

材料：25元/台班。

(2) 钢模板摊销费用：按周转使用50次计算：

$$164\text{ 元/m}^2\div50\text{ 次}=3.28\text{ 元/m}^2$$

(3) 节省费用：摊销与整修加工费相比较。节省值为：

$$3.28-1.49=1.79\text{ 元/m}^2$$

(4) 综合效益：修废利旧变废为宝，有利于降低成本和充分利用资源，有利于提高企业综合管理水平。减少钢模场地占用及租赁费，确保了现场文明施工。

10. 应用实例

（1）济宁劳动局康乐中心，6800m^2。

（2）济南金汇大厦，13700m^2。

（3）山东教育学院，5300m^2。

7.1.3 钢筋与预应力工程

钢丝束预应力混凝土折线屋架施工工法

1. 前言

当前，工业建筑中屋盖系统仍大量采用钢筋混凝土折线屋架，这种屋架下弦受拉钢筋主要采用高强钢丝束或钢绞丝。其中高强钢丝以其价格较便宜，施工简便，每束钢丝数量增减灵活，受到设计、施工、建设单位的欢迎。

2. 特点

（1）材料来源稳定，质量可靠；

（2）施工设备少且通用性强；

（3）施工周期短，劳动强度低，工艺简单易掌握，工程质量有保证；

（4）适应范围广，在各种跨度的屋架或梁中均能使用；

（5）每立方米中含钢量低，综合技术经济与社会效益显著。

3. 适用范围

（1）钢筋混凝土折线、拱形屋架（直线孔道）。

（2）钢筋混凝土工字梁、拱形屋架（直线孔道）。

（3）钢筋混凝土框架梁（直线、曲线孔道均可）。

（4）钢筋混凝土构筑物及道桥工程。

4. 工艺原理

首先对高强钢丝下料、整理、编束待用。在钢筋混凝土折线（拱形）屋架浇筑前，先在预定位置放入金属螺旋管，待混凝土浇筑完毕达到设计强度后，将高强钢丝成束穿入金属螺旋管内，大屋架两端用张拉设备张拉高强钢丝，从而建立预应力，待金属螺旋管内灌入灌浆材料后，形成后张有粘结预应力折线（拱形）屋架。

5. 工艺流程及操作要点

（1）工艺流程

做屋架胎模→绑扎非预应力钢筋→支屋架侧模→绑扎固定支架，穿入金属螺旋管→调整→浇筑屋架混凝土→拆屋架侧模、混凝土养护→穿入高强钢丝→张拉高强钢丝→孔道灌浆→屋架吊装。

（2）操作要点

1）绑扎非预应力钢筋及支侧模

首先留出吊车扶直吊装屋架的行走路线，在地面上定位放线确定屋架平卧叠浇位置，叠浇屋架最多为4层，当下层屋架混凝土强度达到C15以上时，方可浇筑上层屋架混凝土。一般屋架地胎模用砖砌，屋架侧模可用木模或覆模竹胶合板作模板。

2）固定金属螺旋管

金属螺旋管按设计要求就位，固定在钢筋马凳上，马凳用 $\phi 6\sim\phi 8$mmHPB235 制作，设置间距一般为@600～800mm，马凳同非预应力筋焊牢。

金属螺旋管根据高强钢丝束外径确定直径，一般不大于 $\phi 50$mm，并同马凳之间用 22 号钢丝绑牢，接头用大一号同种材料短管连接，接缝处用胶带纸封严。

3）浇筑混凝土

每榀屋架浇筑顺序应从下弦中央开始分别向两端推进，然后在上弦跨中会合，混凝土浇筑完毕及时刷养护剂，防止混凝土收缩裂缝。

4）高强钢丝穿束

根据屋架下弦长度、锚具类别、张拉方式确定下料长度，下料后及时用 22 号钢丝将其绑扎成束待用。然后将钢丝束端头套入“穿束器”，人工慢慢穿入，不可猛拧、猛插。

5）高强钢丝束张拉

当屋架混凝土强度达到设计或施工规范要求时方可张拉，高强钢丝张拉控制应力应符合设计要求，对于平卧叠浇屋架，张拉顺序宜先上后下逐层张拉，下层张拉力宜比上层大一些，但最下层张拉力不宜比最上层张拉力大 5%，也不宜大于 $0.75f_{ptk}$，对于长度大于 24m 的屋架应两端张拉，长度不大于 24m 的屋架可一端张拉，张拉端对称分布在屋架两端。张拉方法为从零应力开始张拉至 $1.03\varepsilon_{con}$，持荷 2min 卸荷至 $1.00\varepsilon_{con}$ 或从零应力开始张拉至 $1.056\varepsilon_{con}$。

高强钢丝束伸长值量测方法：从零应力张拉至 $10\% f_{ptk}$ 左右，停止张拉，量测初始伸长值读数，然后张拉到控制应力读出最终量测伸长值读数。实际伸长值最终伸长值读数－初始伸长值读数＋初始伸长值以下推丝伸长值。实际伸长值同理论伸长值相比应在－5%～10%之间，否则，应停止张拉，分析原因。

6）孔道灌浆

高强钢丝张拉完成 24h 后就可以进行孔道灌浆，灌浆材料为 32.5R 普硅或 42.5R 普硅水泥，内掺适量膨胀剂，水灰比控制在 0.4 左右。

灌浆前先用清水清孔，灌浆时应连续一次灌浆，待泌水孔冒出浓浆后即可停机并立即用木楔楔紧灌浆孔和泌水孔。

高强钢丝两端外露长度不小于 30mm，最后用细石混凝土封严。

6. 材料

（1）高强钢丝力学性能应符合表 7－1。

钢丝力学性能 表 7－1

公称直径（mm）	抗拉强度（MPa）不小于	伸长率（%）$L=100$mm	弯曲次数		松弛		
			次至不小于 180°	弯曲半径（mm）	初始应力相当于公称抗拉强度的百分数（%）	1000h 应力损失不小于	
						Ⅰ级松弛	Ⅱ级松弛
4.00	1470						

续表

公称直径（mm）	抗拉强度（MPa）不小于	伸长率（%）$L=100mm$	弯曲次数		松弛		
			次至不小于180°	弯曲半径（mm）	初始应力相当于公称抗拉强度的百分数（%）	1000h 应力损失不小于	
						Ⅰ级松弛	Ⅱ级松弛
	1570		3	10	60	4.5	1.0
5.00	1670	4			70	8	2.5
	1770		4	15	80	12	4.5

高强钢丝表面不得有裂纹、小刺、机械损伤、氧化铁皮和油色。

（2）锚具

张拉端采用弗式锚具（钢质锥形锚具），固定端选用镦头锚具，锚具性能应符合《预应力筋用锚具夹具和连接器应用规程》（JGJ 85—2002）。

（3）金属螺旋管

金属螺旋管，选用厚度为0.3mm的镀锌低碳钢带螺旋折叠咬口而成，性能应符合JG/T 3013—94中有关技术要求。

7. 机具

液压张拉机（TL－200）切割机、穿丝器、手钳、扳手、混凝土搅拌机、振捣器、铁锨、木抹子等

8. 质量要求

（1）钢丝及混凝土材料必须符合标准与设计要求，现场必须对进场材料作复检，符合要求后方可使用。

（2）锚具应作试验，并应由专业厂家出具的合格证，且必须与设计配套。

（3）混凝土强度必须达到90%以上时方可进行张拉。

（4）张拉高强钢约束时应严格控制应力值。

9. 劳动组织与安全要求

（1）劳动组织

1）钢丝束加工：2人。

2）混凝土建筑：3人。

3）高强钢丝张拉：2～3人。

（2）安全要求

1）用电设备应注意按规程要求，确保用电安全。

2）张拉时两端不得站人，不得超出张拉应力值，应缓慢匀速张拉。

3）操作人员戴好手套，防止钢丝扎手。

10. 效益分析

（1）与普通钢筋混凝土屋架制作相比较，加大了折线屋架的跨度，减轻了屋架自垂度。

（2）节省钢材，一般为15%～20%左右。

（3）缩短工期，加快施工进度。

11. 应用实例

(1) 济南卷烟厂车间、仓库。

(2) 济南轻骑厂车间。

7.1.4 混凝土工程

梁柱节点不同强度混凝土浇筑工法

钢筋混凝土高层及大跨度建筑工程，由于竖向荷载的大幅增加和轴向压力比较集中，同时又由于柱截面受到室内面积的限制和轴压比的规定，而不得不采用高强度等级混凝土来满足受力要求。这就出现柱与梁、板的混凝土强度形成较大差异，给施工带来不便，需要施工人员认真对待，采取相应施工措施予以解决。然而有些施工技术人员不是从技术角度正确对待这类问题，往往怕麻烦采取单纯提高梁、板混凝土强度等级，与柱强度等级相同或相近的措施来进行施工操作。这一方面不符合抗震"强柱弱梁"的原则，另一方面高强度梁板极易造成板面收缩开裂，如图7－3所示。同时会造成工程成本增加，见表7－2，不利于工程的质量与造价的控制，是不可取的做法。

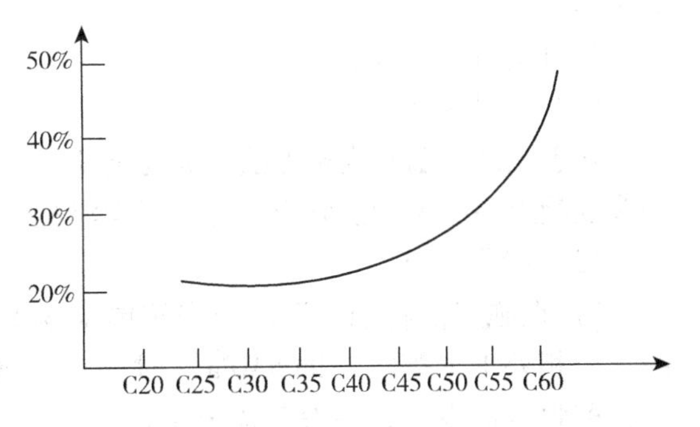

图7－3 混凝土强度等级与裂缝关系图

工程成本统计 表7－2

序号	混凝土等级	单方造价（元/m^3）
1	C15	201
2	C20	209
3	C25	232
4	C30	243
5	C35	258
6	C40	263
7	C45	277
8	C50	293
9	C55	313
10	C60	343

但随着建筑业的不断发展，结构形式为框剪、框架的高层及超高层建筑普遍存在着结构竖向构件的混凝土设计强度等级高于水平构件1～2个级差（1个级差为5MPa），有

的甚至更多，从而造成施工困难。柱与梁、板混凝土强度不同的问题如何解决呢？实际上完全可以也必须通过正确的施工措施来解决，为此，我们通过施工实践克服了这类施工难题，并形成该工法。

1. 特点

（1）解决了不同强度梁柱节点部位的施工难题。

（2）保证框架、框剪竖向构件与水平构件节点处的混凝土浇筑质量。

（3）施工方式满足了设计要求，形成施工经验。

2. 使用范围

凡高层框架、框剪结构梁柱节点部位不同强度混凝土的施工均可采用此工法。

3. 工艺原理

利用施工技术措施，克服梁柱节点部位混凝土强度等级差异过大、质量不易保证的施工通病。

4. 工艺流程及操作要点

（1）工艺流程

熟悉图纸→明确浇筑方法→编写浇筑方案→支模→绑扎钢筋→加界面密目网→浇捣柱头混凝土→浇捣梁混凝土→浇筑板面混凝土。

（2）操作要点

1）在施工前特别是混凝土浇筑前应熟悉图纸设计要求，明确柱梁混凝土强度等级。若相差1个等级（即5MPa）时，考虑到节点部位各种约束作用对其核心区混凝土抗剪强度的提高，一般不需要采取特殊处理措施，节点部位可直接按水平构件的混凝土强度浇筑施工，但必须征得设计单位的书面认可。当竖向构件与水平构件的混凝土强度等级相差大于2个级差时，应与设计单位商讨具体施工方式。一般有两种情况，一是要求节点部位按高强度混凝土（即竖向构件的混凝土强度）施工。另一种为单独出具节点核心区加固补强方案。但目前采用较多的方式是在柱头周边做界面封闭后，柱梁分别采用不同强度等级的混凝土浇筑。无论那种方式都必须编写详细的施工浇筑方案。

2）加界面密目网方式，见图7－4。

如图7－4所示，采用高密目金属网防止柱混凝土流入梁内。

3）柱头浇筑完毕应立即浇筑水平梁构件，为保证在施工时先浇柱头、墙头混凝土，在混凝土初凝前浇筑两侧梁、板混凝土。应该在施工现场配双套混凝土泵送设备或采用塔吊单独浇筑柱头的方式，分别输送不同强度等级的混凝土。亦可以采用在梁与柱交界处插进钢板条的方式在柱头形成围挡，以阻止先浇筑柱头时高强度等级混凝土的流淌，待初凝前浇筑梁混凝土时及时拔出做阻挡用的插筋或钢板条，然后再加强振捣，使梁板混凝土与柱混凝土为一体即可。

4）柱、梁混凝土浇筑结束后即可浇筑楼面混凝土。

5. 材料

界面密目金属网或金属网板、插筋或钢板条。

6. 机具

插入振捣棒，平板振捣器，混凝土楼面抹压机。

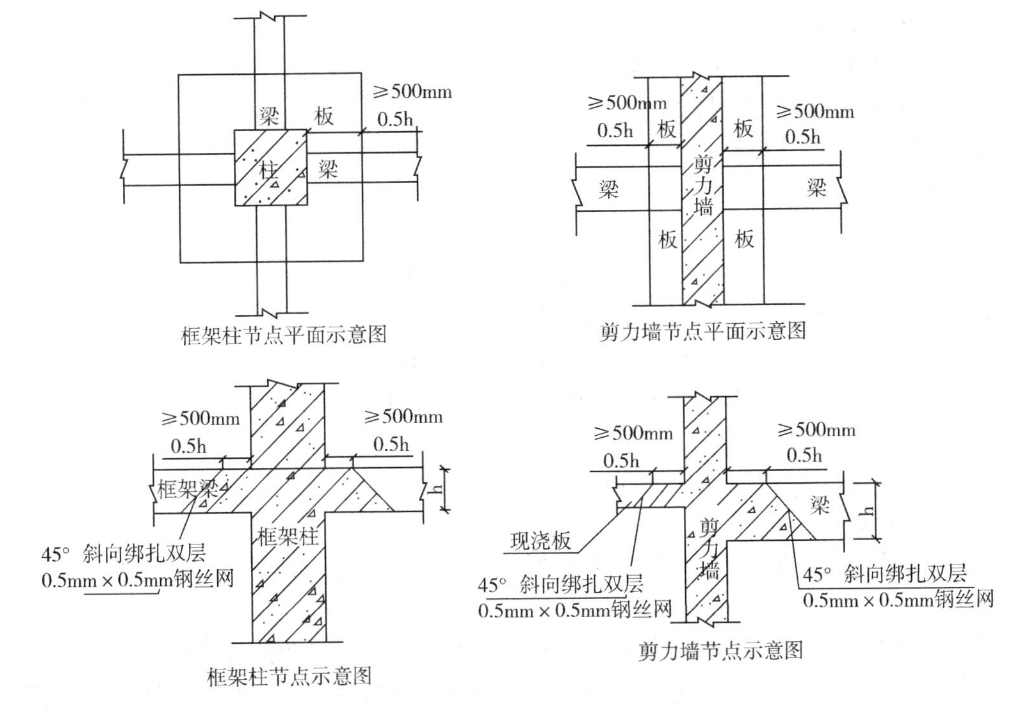

图7－4　框架柱、剪力墙浇筑节点图

注：浇筑时先浇筑柱头、墙头混凝土，在混凝土初凝前浇筑两侧梁、板混凝土。

7. 质量要求

（1）事先向搅拌站订购高、低两种强度的商品混凝土，并就混凝土的使用时间、浇筑方案向其技术负责人作详细说明，最大程度地保证高、低强度混凝土供应与现场浇筑施工的同步。

（2）制定严格的施工方案，根据浇筑进度，确定不同强度混凝土的进场顺序和方量。

（3）混凝土运输车要编号，并建立实时通信联系，在每车混凝土出场时要向现场专门负责人员讲明车号、混凝土强度等级、发车时间等内容；梁板混凝土采用泵送，柱头混凝土由塔吊用料斗吊运。

（4）现场负责人要指挥混凝土车的供混凝土次序、时间，强度不同的混凝土运到作业层时要及时通知。

（5）作业层由专人负责指挥浇筑，要确保柱头混凝土先行浇筑，高强度混凝土浇筑时要留有余量，高出板面一部分，以备振捣时下沉。

（6）梁板混凝土在柱头混凝土浇筑后及时进行浇筑。

（7）节点周边混凝土浇筑后，再振捣节点处，这样可避免节点混凝土的流淌。

（8）在整个混凝土浇筑过程中，有关技术人员应及时取样制作各种不同强度等级的混凝土试块，施工日志、混凝土施工记录、隐蔽工程验收记录等相关质量文件应齐全有效。

8. 劳动组织安全要求

（1）劳动组织

架设密目网 2～3 人，分类浇筑并振捣 2～3 人。

（2）安全要求

1）加设密目网时防止网片及钢筋扎手。

2）分别振捣时防止脚踏空。

3）做好用电设备安全。

9. 效益分析

（1）成本测算

1）材料：密目网的使用数量与柱周边梁界面及梁数量有关。一般按梁高 400mm × 600mm。柱侧四根梁考虑，每柱头使用 800 × 100 × 4 = 3.2m^2。

每平方米市场价为 3.5 ~ 5.0 元/m^2，计 11.20 ~ 16 元/柱头。

2）人工工日：每柱头一般约增加用工 1 ~ 2.5 个工日。按 42 元/柱头，计 42 ~ 105 元/柱头。

3）工料增加：43.20 ~ 121 元/柱头。

（2）综合效益

与在柱梁节点内增设型钢或增设 X 形钢筋相比较，节省材料及人工费用约 80% 左右。

通过上述技术措施，保证了梁柱节点部位不同强度混凝土的正常施工及浇筑质量。解决了高层建筑中竖向构件与水平构件混凝土强度等级差异的施工难题。同时也保证了工程施工进度。

10. 应用实例

济南知识产业基地 26 层 11.6 万 m^2 高层大体量工程中采用，共计浇筑 443 处框架柱，梁节点，其中竖向构件柱混凝土强度等级为 C50，水平构件梁的混凝土等级为 C40。通过上述工法的应用，保证了混凝土的浇筑质量，并取得了柱、梁混凝土互不混掺的良好浇筑效果。

7.1.5 墙体工程

GRC 水泥轻质多孔隔墙条板施工工法

随着建筑企业墙体改革建筑节能新技术的发展和广泛应用，框架结构的内隔墙体，逐渐由组合预制轻质墙板所代替，GRC 水泥轻质多孔隔墙条板具有轻质高强，减轻建筑物重量与空间利用率高的特点，在工程建设中受到欢迎。为加大 GRC 水泥轻质多孔隔墙条板的推广力度，特编制此工法。

1. 特点

（1）采用轻质多孔隔墙条板高强轻质，减轻了建筑物的重量，利于降低工程成本，节约农田和能源。

（2）室内有效空间利用率高，扩大了室内面积。

（3）减轻了工人劳动强度，施工速度快捷、方便，有利于缩短工期。

（4）轻质墙板表面可直接刮腻刷涂，无须抹灰，有利于节省工程造价。

（5）轻质墙板由于是多孔有利于隔热、隔声、保温，提高了使用功能。

2. 适用范围

适用于工业与民用建筑框架结构内隔墙体。

3. 工艺原理

采用专业厂家生产的GRC水泥轻质多孔条板，与框架柱、梁进行可靠固定连接，从而形成内隔墙体。

4. 工艺流程及操作要点

（1）工艺流程

弹线定位→配板→安装就位→固定→嵌缝→面层装饰。

（2）操作要点

1）弹线：根据实际尺寸，在楼板及顶板上弹出隔墙内外边线及门窗口位置线，并在混凝土柱、墙上弹出标高控制线。卫生间的防水台的宽度要小于板厚10mm左右，以利找平。

2）配板；根据实际尺寸，首先排出800mm宽的标准板，非标准板门窗过梁板及门窗框牛腿板，根据实际尺寸另行加工，牛腿处孔内用混凝土灌实并埋铁件，以利门窗的固定。

3）板的就位：板就位前先试排，画出墙板内电线盒的高度及位置，并把电线管预先放入板孔内，以利电线管的焊接及穿管。电线盒孔用切割机按盒子尺寸切割开口并焊接，严禁在板面上打孔，也不得在板上水平长槽敷管。

4）组装时，板与板的企口凹槽内先抹满膨胀砂浆，板与板企口挤紧，不留缝隙，以把砂浆挤出板缝为止。

5）轻质墙板顶板与楼板或梁连接处用3mm厚钢板、“F”形铁件卡子及射钉固定，立板时，每块板上部两端距板边10cm左右用“F”形铁件卡子卡入板孔，铁卡子固定片朝向板内外侧各一个。

6）板上下端用木楔子临时固定，调整板面垂直度，用射钉将铁卡子固定在顶板上，每个卡子打射钉不少于2个。

7）嵌缝：配制1∶3水泥砂浆，内掺13%膨胀剂及胶合添加剂，砂浆稠度控制在6～8cm之间，板与板及板与混凝土柱、墙之间竖向缝用水泥砂浆逐层抹压密实，与板边下凹齐平，板与柱墙之间的缝隙用砂浆分层嵌实。砂浆达到一定强度后（3d）去除木楔，抹实扎洞。之后浇筑细石混凝土垫层，使地面与墙面结为一体。

8）板缝防裂处理：防止裂缝是轻质墙板质量控制的重点，具体做法如下：

①安装前墙板侧面要充分浸水，安装完毕，砂浆达到强度后，剔出板缝双面的预埋件，距板上下端约50cm各2个（内外侧），可用切割机找出。用$\phi 6$短钢筋，将两焊件焊接牢固；板与混凝土柱墙的固定可用$\phi 6$短钢筋与柱子预埋件焊接，也可在铁片与板预埋钢筋焊接后，用射钉将铁片固定于混凝土柱墙上。

②二次嵌板缝时，在板接缝的凹槽内压入40mm宽细钢丝网，以消除嵌缝砂浆的收缩裂缝。二次抹板缝时，灰缝与板面压光找平，不得显露接槎或外凸。与混凝土柱、墙交接处的阴角抹灰时可加细钢丝网，以防轻质板与混凝土柱、墙间出现裂缝。

③墙面装修：由于轻质条板面为清水混凝土面，可不抹灰，湿作业少，直接刮腻子刷涂料，也可粘贴面砖等。为防止板缝处不平整，腻子厚度不匀，涂料面颜色深浅不

一，可在刮腻子时用108胶水泥浆粘贴一层细薄纱布，以增强墙面乳胶漆或涂料的观感效果。

5. 材料

条板主要性能指标：容重≤50kg/m²，隔声性能≤36dB，强度3～7MPa。

腻子：用于嵌缝及表面处理。

6. 机具

（1）机械：电焊机、切割机、射钉枪。

（2）工具：撬棍、大楔子、开刀、钢抹子、质检尺及弹线工具。

7. 质量要求

（1）进场条板必须进行检查，要有产品合格证和检测报告，必要时现场作复试，不符要求不得使用。

（2）墙板连接采用内埋铁件双面焊接，必须与框架柱、墙、梁连接牢固。

（3）板边设企口连接，企口缝宽20mm，下凹4mm，嵌缝要严密，嵌缝处加钢丝网以防裂缝。

（4）门窗洞口处应作加固处理，做预埋铁件或防腐木砖，位置要正确。

（5）墙面做面砖等镶贴装饰时，应做好界面处理，防止空鼓。

8. 劳动力组织及安全要求

（1）劳动力组织

每组以4人为宜，2人抬板固定扶持，1人打射钉，1人检查质量并调整。

（2）安全要求

1）电焊机必须接地，以保证操作人员的安全；

2）临时脚手架必须牢固可靠；

3）立板时必须固定好一块板之后，再安装另一块板，未固定板之前，扶持人不得松手，以防板歪倒砸伤人。

9. 效益分析

（1）经济效益（以济南四季花园住宅为例）

1）使用面积增加：相对于240mm厚砖墙，使用90mm厚轻质GRC多孔墙板，可增加使用面积147.3m²，按1000元/m²计算，则使用轻质GRC多孔墙板可节约费用147.3×1000=14.73万元。

2）基础造价节约：由于采用轻质GRC多孔墙板，减轻了自重，从而减少了桩数及基础梁，整个基础造价可节约1.8万元。

3）墙体材料费用增加：轻质GRC多孔墙板造价（包括安装费）为55元/m²，则墙体费用多支出0.37万元。

（2）技术效益

1）由于轻质GRC多孔墙板的厚度较薄，一般采用60～90mm厚，比240mm厚的黏土砖墙减薄62.5%～70%。每户的使用面积增加，提高了土地的利用率。

2）用部分轻质GRC多孔墙板替代部分砖砌体后，整栋建筑的重量降低，有利于地基基础的处理，同时也加快了基础的施工速度和节约了基础投资。

3）由于轻质 GRC 多孔墙板质轻（自重≤50kg/m^2），可任意拆除、分隔，能满足用户的各种需要，办公和居住均可，大大改善了建筑物的使用功能，且由于该墙板表面平整、光洁易于装修。

4）由于轻质 GRC 多孔墙板为现场拼装，施工速度快，且容易组织文明施工。

轻质 GRC 多孔墙板作为一种推广材料，其使用性能等方面具有明显的优越性，其缺点则有待于在实践中进一步得到完善。

10. 应用实例

（1）济南四季花园 4 栋住宅楼应用 1.5 万 m^2。

（2）济南中润广场 8 栋住宅楼应用 2.8 万 m^2。

（3）济南知识产业基地 B1、B2、B6、B7、B8 等 5 栋办公楼应用 3 万 m^2。

7.1.6 屋面工程

建筑平屋面改坡屋面施工工法

城市风貌日趋现代化，建筑物的美化、亮化已成为城市建设的主要内容，尤其是沿街主要干道两侧的建筑物则是体现城市容貌的窗口，是美化的重点工程。然而，已有建筑物大多是平屋面，整体效果不佳，色彩单调，不仅观感差，且冬寒夏热是建筑物能耗较大的部位。为此，各地市逐步开始对其进行平改坡处理。为推动该项工程的施工，特编制该施工工法。

1. 特点

（1）平屋面改为坡屋面，增强了建筑物的立体效果，且屋面覆盖材料丰富多彩，增强了建筑物的美感，有利于城市建设的美化、亮化。

（2）由平屋面改为坡屋面，增加了屋面空气隔热层，有利于防止屋顶热能的散失，消除了冷桥影响和平屋面冬寒夏热的弊病，是屋面建筑节能的良好措施。

（3）平屋面改坡屋面，加大了屋顶的坡度，加速了雨水的排流，消除了平屋面排水不畅、容易积水渗漏的通病。

（4）平改坡采用的建筑材料主要是钢材与高分子聚合材料，且以干作业为主，施工便捷，有利于保证质量和施工安全。

（5）体积较大的平屋面改坡屋面，还有利于增加房屋的使用空间，可以作为顶层储藏室、蓄水池等应用，增加了建筑物的使用功能。

2. 适用范围

适用于各种建筑物、构筑物平屋面上增加一层的起坡改造。

3. 工艺原理

采用专用结构材料与屋面材料，运用专用建筑与结构施工做法，使平屋面成为具有一定坡度和美观造型的坡屋面。

4. 工艺流程及操作要点

（1）工艺流程

如图 7－5 所示。

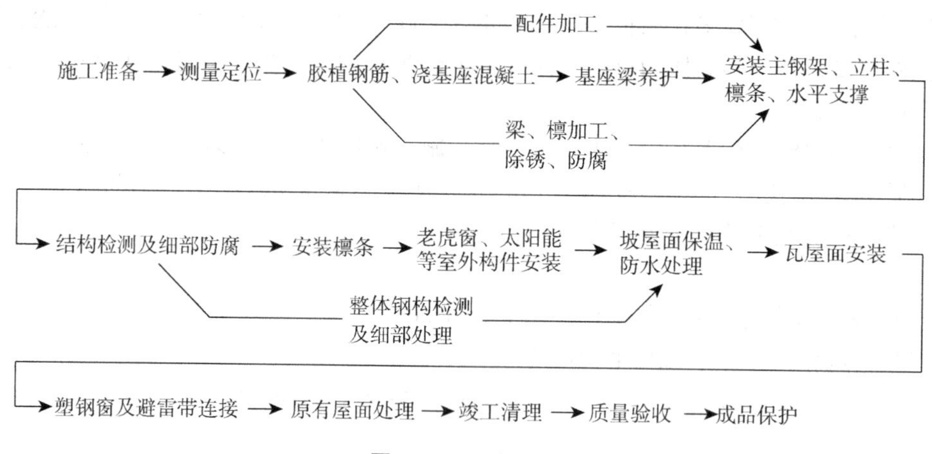

图7-5 工艺流程

（2）操作要点

1）施工准备

①材料准备

a. 结构用材：钢柱一般采用H型钢，钢梁为［形或型钢，檩条为型钢或木檩条。

b. 屋面材料：木塑板、EPS保温板、卷材或片材防水、块瓦、型钢板彩瓦或树脂屋面瓦。

②技术准备

a. 收集原始资料。对于平屋面改坡屋面，应具有以下资料：总平面图（与周围建筑关系），建筑平、立、剖面图，结构基础平面图，屋面结构布置图（应标明出屋面的构配件、上人孔位置），原有的隔热措施及做法。结构较为复杂的建筑物，必须提供全套结构图纸。

b. 对于结构复杂、特殊的建筑，或资料不齐全或无资料的房屋，应配合设计单位实地踏勘。

c. 屋面排水系统。原则上保留原有平屋面的排水系统，坡屋面的排水系统采用外天沟排水方式。

d. 构件加工。平改坡的钢立柱、梁、檩等构件一般在工厂加工制作，梁柱应作喷砂防腐除锈处理，并运往工地。

2）浇基座梁

浇基座梁指直接支撑在下面承重墙上的钢筋混凝土梁，或下面无承重墙可支撑而支点均在承重墙上的钢筋混凝土梁。为保证基座梁与原有结构的连接，应采用胶植钢筋方式在原有结构上钻孔植筋，沿原屋面四周天沟植入$\phi12$@1000的锚筋，植入4$\phi12$的锚筋与立柱连接，插入连梁钢筋内一并浇捣。基座梁及时做好养护。

3）安装结构屋架

在基座梁上按设计图纸预埋钢板埋件，主立柱焊接在基座梁埋件上，校正无误后，在立柱上安装钢梁。屋面斜梁采用热轧普通工字钢，斜梁支撑点立柱间距不大于2000mm，斜梁间距700~4000mm。立柱采用电焊钢管或H型钢，必须设置在承重墙顶新圈梁上，或架空承重梁顶面。屋面横向水平支撑及立柱垂直支撑，其交叉杆均采用$\phi16$圆钢及花兰螺栓拉紧装置，其水平刚性系杆均采用2∟50×4角钢组成。校正无误后安装檩条，栓条必须做临时铺设垫板，以分散集中力。

柱、梁、檩构件采用焊接，均执行焊接规程，连接焊缝均为满焊，焊缝高度不小于连接构件的最小壁厚，焊缝最小长度为40mm，焊条用F43型。若采用螺栓连接，则执行螺栓连接规程。

钢柱、梁、檩及水平支撑安装连接后，再次检测校正，无误后，对连接部位进行细部处理，清除焊渣、灰尘后进行防腐防锈处理。屋面钢结构构件必须除锈后涂红丹底漆一道、防锈漆两道。

4）老虎窗安装

坡顶上的老虎窗是平改坡工程中重要的装饰与采光通风部件，也是解决上坡屋面的检修通道，在梁檩安装时一并做好安装。老虎窗的位置宜与原有建筑的窗或阳台相对应，窗宽宜不大于2000mm，应采用推拉开启方式。老虎窗周边必须做好细部处理，特别是焊缝接口部位的防锈防腐。

5）太阳能安装

屋面模块化建筑构件型太阳能集热器是太阳能热水系统的组成部分之一，在设计时应做好选型，与建筑形成一体化，其部件可在梁檩安装时一并进行，防止太阳能安装时对屋顶的破坏。

6）屋面保温、防水

檩条及屋面构件安装结束并检测无误后，即可铺设木塑板基层。铺设保温层一般采用粘贴40mm厚EPS板后再铺设防水卷材，防水卷材一般采用3mm厚SBS改性沥青油毡均与基层粘贴牢固。

7）铺设屋面瓦

在防水层上弹线，按屋面瓦间距布设挂瓦条，并涂防水涂料于固定点处。

一般采用高耐候性树脂加工压制而成的块瓦状条板形屋面瓦。合成树脂瓦具有坚韧、防腐、抗渗、降噪、色彩丰富及施工简便等特点，铺于屋面后采用钉粘结合方式固定于屋面上，应以钉为主，瓦的排列、搭接、下钉位置和数量，以及粘结要求均按所采用瓦材产品和施工说明进行施工。

8）避雷带安装

在坡屋面的所有阳面凸出处（屋脊）均应设置避雷带。在建筑外四周连（卧）梁上的避雷针可安装在连（卧）梁内侧，然后与原避雷带系统可靠焊接，如原建筑无避雷装置或避雷系统损坏，应按规范另做接地极。

9）原有屋面处理

对原老屋面采用松散材料保温的屋面，应采用在承重墙开槽或局部开槽形式，浇捣卧梁后支撑钢柱做法。对檐口、天沟处的防水层施工时必须随开随封，做好防水处理，严禁整个屋面大面积开槽。

10）坡屋面施工图示例

改造后坡屋顶平面图，如图7－6所示。

5. 材料

（1）结构材料

1）连（卧）梁：钢筋HPB235，ϕ12、ϕ6；胶植钢筋HPB235，ϕ12；结构胶HY150

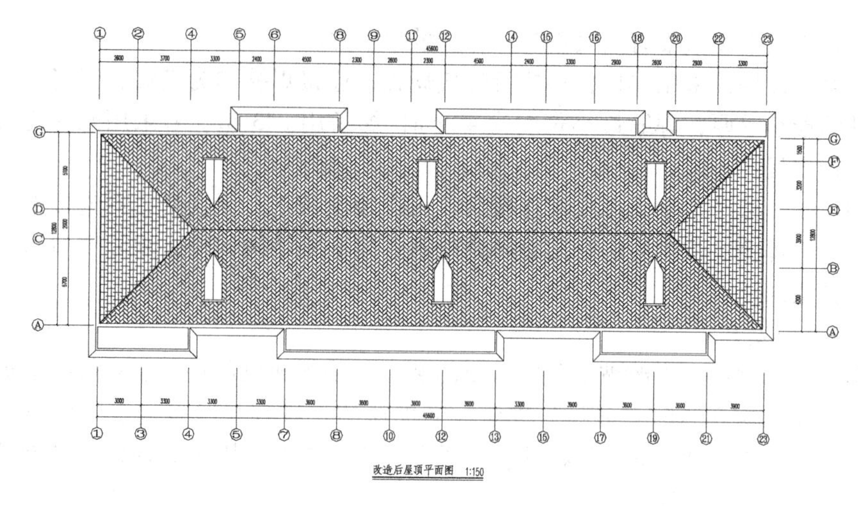

图 7－6　改造后坡屋面平面图

结构胶。

2）混凝土：C20，C25。

埋件：240mm×240mm×8mm。

立柱：H 型钢或钢管（YB242）。

梁：工型钢（GB 706）。

檩条：L75×75×5 或 60mm×40mm@660。

支撑：HPB，ϕ35、ϕ16 或 L50×4。

焊条：E43 型。

（2）屋面材料

木塑板：15～20mm 厚木板。

保温板：EPS 聚苯乙烯塑料保温板 40mm 厚。

防水卷材：SBS 改性沥青 1.2mm 厚。

挂瓦条：6mm×4mm 木条。

合成树脂瓦：

①重量 7.1kg/m^2，厚 3mm，宽 720mm，长度≤12m；

②瓦块 350mm×550mm（莱州产）。

（3）其他材料

1）老虎窗：钢塑窗，规格按设计。

2）太阳能：按设计确定。

3）避雷带：ϕ10 镀锌圆钢。

6. 机具

（1）机械

电焊机、切割机、提升机、振捣器。

（2）机具

电钻、脚手架、模板。

7. 劳动组织及安全

（1）劳动组织

施工班组一般12～15人即可，工种配置见表7－3。

工种配置表 表7－3

电焊工	安装工	瓦工	油漆工	电工	运输工
2人	3～5人	3人	2人	1人	2人

（2）安全注意事项

1）施工中做好安全防护，防止高空坠落，檐口搭设密目网，做好封闭施工。

2）使用电焊机、切割机、电钻等电气设备时要严格遵守用电安全制度，做好安全防护。

3）屋面施工时，搭设安全铺板，防止滑落事故发生。

4）凸出屋面的部位如老虎窗、太阳集热器、避雷带等施工时系好安全带。

5）屋面建筑垃圾采用塑料编织袋存放，集中用起重设备下放，严禁抛丢。

6）做好安全防火，防止木材等可燃材料及焊接使用明火引发火灾。

8. 质量要求

（1）基本要求

1）应满足以下规范要求：

《屋面工程质量验收规范》（GB 50207—2002）；

《冷弯薄壁钢结构技术规范》（GB 50018—2002）；

《建筑钢结构焊接技术规程》（JGJ 81—2002）；

《钢结构高强螺栓连接设计、施工及验收规程》（JGJ 82—91）；

《钢结构工程施工及质量验收规范》（GB 50205—2001）；

《混凝土结构工程施工质量验收规范》（GB 50204—2002）。

2）钢材、连接材料、焊条、焊丝、焊剂及螺栓、涂料底漆、面漆均应有质量证明书及检测报告。

3）做好连梁与原有建筑的连接，胶植钢筋施工严格执行《胶植钢筋施工工法》（LEGF－2002）。

（2）施工要求

1）焊接质量检验等级：所有工厂对接焊缝及坡口全熔透焊缝按照二级检验，其他焊缝按三级检验。

2）板材对接接头要求等强焊接，焊透全截面，并采用引弧施焊，引弧板割去处应予以打磨平整，所有焊缝均应满焊。

3）钢结构安装完成受力后，不得在主要受力构件上施焊。

（3）钢结构涂装

1）除锈：钢结构在制作前，表面应彻底除锈，除锈等级达到Sa2.5级。

2）涂装：

①构件完成后涂两道防锈漆，工厂和现场各涂一道面漆。漆膜总厚度不小于125μm。构件除锈完成后，应在8h（湿度较大时2～4h）内，涂第一道防锈漆。底漆充

分干燥后，才容许次层涂漆。

②高强螺栓连接头的接触面和工地焊缝两侧50mm范围内安装前不涂漆，待安装后补漆。

③安装完毕未刷底漆的部分及补焊、擦伤、脱漆处均应补刷底漆两度，然后刷面漆一度（颜色由业主定），在使用过程中应定期进行涂漆保护。

（4）屋面保温、防水

1）严格执行《屋面工程质量验收规范》（GB 50207—2002），保温应满足《山东省建筑工程节能保温规定》的要求。

2）XPS（EPS）挤塑或聚苯乙烯保温层，必须与基层木塑板粘结固定牢固，SBS（或三元乙丙橡胶防水卷材）粘贴牢固，木压条钉牢且钉孔处做好涂刷防腐防渗漏。

（5）屋面瓦铺装

合成树脂瓦重量轻，易于施工，可直接铺装。檐口应做好固定，顶端脊瓦要做好扣合，斜脊处做好封闭。老虎窗、太阳能周围及根部均做好封闭。

（6）质量通病

1）焊接处焊缝高度不足：原因是有些部位需仰焊而造成焊缝质量差，需要技术水平高的焊工操作并做试焊，达到要求后方可施焊。

2）构件涂装不好：主要在焊接处和太阳能、老虎窗根部防腐处理不细，易出现涂刷不到位、漏刷。应加强对构件的细部处理和检查。

3）保温层粘结不牢：EPS（XPS）保温板应满粘于木塑板上，根部还应做固定，防止下滑。

4）扣脊不严密：无脊瓦并安扣严密，缝隙处应填抹密闭材料，防止脱落与渗漏。

9. 效益分析

（1）经济分析

根据五项工程测算，平改坡直接费用为：280～360元/m^2（展开面积）。

（2）技术效益

1）增强了屋面保温性能，节约能源，提高了建筑品味，改善了市容市貌。

2）增大了建筑物顶层使用空间，可利用架空层作设备层或阁楼层。

3）解决了屋面排水、防水等质量通病。

4）环保、生态效益十分明显。

10. 应用实例

济南建工总承包集团有限公司自2002年开始立项研发该项目，已施工十余项工程，均取得良好效果。

7.1.7 装饰装修工程

后置埋件胶植固定施工工法

在钢筋混凝土结构或装饰装修工程中需要在基层上固定骨架及装饰物，往往因为预埋预留在结构中的埋件漏放或为位置不对而不得不采用后置方式进行埋件的补设，其方式有：一是采用后置方式膨胀螺栓，二是采用化学锚栓。由于膨胀螺栓费用高，紧固力差，且螺栓直径小等原因，新型化学锚栓得到了广泛的应用。

1. 化学螺栓特点

（1）施工简便：省掉了对基层结构的剔凿，膨胀螺栓的拧扭省时省力，便于快捷施工。

（2）缩短工期：便于提高施工速度，提高工作效率，缩短工期。

（3）性能可靠：结构胶具有较高的抗拉拔性能，易于保证后置埋件的固定质量。

（4）安全环保：结构胶存放于专用套管内不易流淌，且不含有害物质，安全无异味，常温下无徐变，抗氧化耐腐蚀，阻燃性能好，对人体无害。

2. 适用范围

适用于所有需要布设后置埋件的结构与装饰装修工程。

3. 工艺原理

利用结构胶产生的化学反应形成具有一定强度的固化体，将后置螺栓与基层结构牢固紧密地连接为一体。

4. 工艺体流程及操作要点

（1）工艺流程

弹线布点→基材钻孔→钻孔清理→植入化学螺栓→旋入螺杆→硬化养生→成品保护。

（2）操作要点

1）弹线布点：根据设计图纸，弹线定位。

2）基材钻孔：根据螺栓规格对应直径进行钻孔，见表7－4。

胶管螺栓配套技术参数表 **表7－4**

胶管型号	螺栓型号	钻孔直径（mm）	钻孔深度（mm）	设计拔力（kN）	极限拔力（kN）	设计剪力（kN）	极限剪力（kN）
M8	8×110	10	80	7	19	6	10
M10	10×130	12	90	12	29	9	18
M12	12×160	14	110	18	46	18	29
M14	14×180	16	120	24	58	22	38
M16	16×190	18	130	30	76	26	49
M20	20×260	25	170	48	120	40	74
M24	24×300	28	210	70	160	60	110
M30	30×380	35	280	110	220	90	180

3）清孔：用毛刷和气筒彻底清孔，反复清孔不少于三次，清出孔内残渣浮尘，应采用干法清孔，严禁用水冲孔。

4）植入化学锚栓：首先将高强化学胶管垂直植入钻孔中，然后用电动工具将螺栓钻入孔中，电机转速不易过大，一般为750转/min，置入胶管与埋入螺栓应同步进行。

5）静置固化：根据施工现场环境温度，让化学螺栓充分硬化养护。保证结构胶的固化时间。

6）安装预埋件：将后置钢板用螺帽固定在螺栓上。

5. 材料

化学锚栓：高强化学锚栓胶管。

钢板：200mm×280mm×7mm。

6. 机具

（1）机械

电钻：用于钻孔及旋入螺栓。

（2）工具

毛刷、皮囊：用于清孔。

墨斗：用于弹线定位。

7. 质量要求

（1）钻孔位置必须符合设计要求，结构基层要做好清理，保持平整光洁。

（2）钻孔深度严格按规格要求进行控制，清孔要干净。

（3）产品必需有合格证并应注明产地、品种、规格、牌号和出厂日期，详细查阅使用说明。防止不合格或过期产品用于工程。

（4）施工前应做样板，并按要求进行拉拔试验，以保证化学螺栓的锚固力。

（5）加强对产品的保存，仓储温度25℃以下避光保存，贮存期为18个月，产品如长期未用，使用时抽样试验合格后方可使用。

（6）化学螺栓未硬化前严禁触动。

（7）化学螺栓固化后进行抽测试验，抽检率≥5%。

最终保证在结构受力过程中：

结构胶粘合强度f_g≥螺栓强度f_y；

混凝土胶粘强度f_{cu}≥螺栓强度f_y。

（8）做好成品保护及技术资料的收集整理。

8. 劳动组织与安全要求

（1）劳动组织

每组1~2人。每台班安装后置埋件60~80个。

（2）安全要求

1）使用电钻并做好防护和绝缘接地接零。

2）操作人员高空作业应遵守高空作业规程，戴好安全帽、系好安全带。

3）后置件安装防止手碰伤。

9. 效益分析

（1）成本测算

每支化学螺栓成本价为2.4~3.2元/支。

人工安装费：1.5~20元/支。

钢板后置件：0.8~1.2元/块。

综合测算每块钢板安装费用为：6.2~8.4元/块。

（2）综合分析

施工方便快捷、环保安全，与膨胀螺栓相比可提高工效10%~15%，成本降低为

10%左右。

10. 应用实例

济南经济总部知识产业基地B1座外墙幕墙共计安装后置预埋件8000余块，质量优良。

7.1.8 脚手架工程

异形超高层悬挑脚手架施工工法

脚手架是高层建筑施工的关键，涉及工程成本、材料机具、人员投入等多方面，更重要的是脚手架的安全问题直接关系到工程能否顺利的进行，特别是高层、超高层建筑的施工，是工程中必须认真对待的重要环节。由于特殊异形高层、超高层工程施工容易在薄弱节点出现问题，所以必须进行系统的设计，编制严格的施工方案，并落实好安全技术交底工作。针对异形超高层悬挑脚手架的搭设特点，特编制此工法。

1. 特点

（1）解决了异形脚手架方案设计需要注意的问题，便于指导施工。

（2）操作简便：利用传统的脚手架搭设方式，不需要使用额外的机械设备，架子工可以直接进行现场操作，不会影响到工程主体的正常施工。

（3）经济实用：传统的整体脚手架搭设超过50m时，钢管扣件的使用率将会大大的降低，脚手架的地基处理费用也会随之增加，而采用悬挑脚手架的高层建筑只需准备两层悬挑构件、八~九层的外悬挑脚手架钢管、扣件、安全网及二~三层的安全平网即可完成整栋楼的外脚手架搭设施工，不但节省了造价，也为脚手架的搭设施工带来了方便。

2. 适用范围

广泛应用于小高层、高层及超高层建筑外防护脚手架

3. 工艺原理

根据工程的实际情况，布置悬挑构件，尤其是对异形部位进行科学布置、合理搭设及严密设计计算，然后再搭设外双排脚手架。

4. 工艺流程与操作要点

（1）工艺流程

熟悉图纸和工程实际情况→编制悬挑脚手架方案→进行设计计算→绘制悬挑构件平面布置图→按平面图随工程主体施工留设预埋钢筋拉环→按平面图布置悬挑构件→搭设楼层双排脚手架→搭设竹芭脚手板→在悬挑构件下兜设安全平网→外挂安全网→穿ϕ16mm钢丝绳并拉紧→逐层搭设双排脚手架→完成一个悬挑单元→布置第二个悬挑单元的悬挑构件→重复第一单元工序，搭设第二悬挑单元的双排脚手架。

（2）操作要点

1）熟悉图纸和工程实际情况：通过熟悉图纸，掌握建筑物的特征（尤其掌握异形部位的特征）、施工高度以及楼层层高，为编制方案作准备。

2）编制脚手架方案：施工前必须针对工程的实际情况编制切实可行的搭设方案，

对所选的悬挑构件、钢管、扣件，布置的间距，外挑的长度，预埋件等做出计划，劳力组织和安全技术措施。方案确定后应召集有关人员进行研讨，并向施工人员进行交底。

3）进行悬挑脚手架的设计计算与验算：针对B1座高层建筑悬挑外脚手架特点，采用品茗安全计算专项软件。

4）悬挑构件设置：

①架体落在16号工字钢制作的水平悬挑梁上，现浇板预埋2ϕ16mm锚筋与工字钢满焊。

②工字钢顶面焊2ϕ25mm钢筋，长度$L=200$mm，间距1050mm，最外侧距外端100mm，以便插入钢管。

③在每根外立杆处设置一处ϕ16mm钢丝绳拉结点，钢丝绳上部与上层梁ϕ16mm钢筋预埋件连接，并通过花篮螺栓调节绷紧钢丝绳。建筑物阳角处悬挑脚手架水平悬挑梁设置两根钢丝绳拉结，拉结点每边距建筑物阳角0.8m。后浇带及阳角转角处工字钢采用焊接的形式，焊缝高度8mm。

5）立杆：

①立杆纵距1500mm，部分调整为1400mm或1470mm。立杆横距1050mm。

②步距1800mm。在阳角转角处内侧附加一根立杆，以便绑扎外侧立网。

③设置纵、横向扫地杆。纵向扫地杆采用直角扣件固定在距工字钢底上皮200mm处立杆上。横向扫地杆采用直角扣件固定在紧靠纵向扫地杆下方的立杆上。

④立杆上接长除顶层顶步可采用搭接外，其余各层各步接头必须采用对接扣件连接。并应符合下列规定：

a. 立杆上的对接扣件应交错布置：两根相邻立杆的接头不能设在同步内，同步内隔一根立杆的两个相隔接头在高度方向错开的距离不宜小于500mm；各接头中心至主节点的距离不宜大于步距的1/3。

b. 搭接长度不小于1000mm，采用2个以上旋转扣件固定。端部扣件盖板的边缘至杆端距离不小于100mm。

6）纵向水平杆：

①纵向水平杆设在外立杆内侧，其长度不宜小于3跨，通长设置。

②纵向水平杆接长采用对接扣件连接：

a. 纵向水平杆的对接扣件交错布置，两根相邻纵向水平杆的接头不宜设置在同步或同跨内。不同步或不同跨的两个相邻接头在水平方向错开的距离不小于500mm，各接头中心至最近主节点的距离不宜大于纵距的1/3。

b. 使用竹笆脚手板，纵向水平杆采用直角扣件固定在横向水平杆上，并等间距设置，间距不大于400mm。

③三层一步与六层一步中间部位水平杆搭设方法：中间层架设的悬挑梁上200mm处设扫地杆一道，再上一道水平杆与六层一步的水平杆拉通。

7）横向水平杆：

①主节点处必须设置一根横向水平杆，用直角扣件扣接且严禁拆除。主节点处两个直角扣件的中心距不大于150mm。

②作业层上的非主节点处的横向水平杆等间距布置，最大间距不大于纵距的1/2。

8）脚手板：

①作业层脚手板满铺、稳铺，离开墙面250mm。

②竹笆脚手板按其主竹筋垂直于纵向水平杆方向铺设，采用对接平铺，四个角用直径1.2mm的镀锌钢丝固定在纵向水平杆上。

9）连墙件：

①连墙件采用ϕ48mm钢架管与建筑物刚性连接，并设双扣件满足抗滑移要求。在现浇梁内预埋1根0.5m长ϕ48mm竖向钢管（外露不小于400mm），然后用一根ϕ48mm水平钢管通过双扣件连接脚手架体和预埋钢管。

②连墙件按两步三跨设置。连墙件水平间距4.5m，竖向间距3.6m，连接件从每层现浇板内埋设。

③连墙件靠近主节点布置，偏离主节点的距离小于300mm，且从底层第一步纵向水平杆处开始设置。

10）剪刀撑与横向斜撑：

①每道剪刀撑跨越立杆的根数为5～6根，宽度为4～5跨，斜杆与地面的角度在45～60°之间。

②在外侧立面的两端及拐角部位必须设置剪刀撑，由底至顶连续设置，根据脚手架实际情况，必要时剪刀撑设为“之”字形。中间各道剪刀撑之间的净距不大于15m。

③剪刀撑斜杆的接长采用搭接，其搭接长度不小于1000mm，且采用3个旋转扣件固定。

④剪刀撑斜杆用旋转扣件固定在与之相交的横向水平杆的伸出端或立杆上，旋转扣件中心线至主节点的距离不大于150mm。

11）操作层的外侧设置护栏，在高度为1200mm和600mm处设两道横杆，并设180mm高挡脚板，挡脚板用直径1.2mm的镀锌钢丝固定在立杆上。立网用尼龙绳绑在外侧纵向水平杆上；每两层设置一道安全平网，平网绑扎在纵向水平杆上。

12）拆除：

①应全面检查脚手架的扣件连接、连墙件、支撑体系等是否符合构造要求。

②应由工程技术负责人进行拆除安全技术交底。

③应清除脚手架上的杂物及地面的障碍物。

④拆除作业必须由上而下逐层进行，严禁上下同时作业。

⑤连墙件必须随脚手架逐层拆除，严禁先将连墙件整层或数层拆除后再拆脚手架，分段拆除高差不应大于2步。

⑥各构配件严禁抛掷至地面。运至地面的构配件及时检查、整修与保养，并按品种规格堆放整齐。

5. 材料

16号工字钢，ϕ16、ϕ12、ϕ16mm钢丝绳，各种长度的$\phi 48\times3.5$mm钢管，直角扣件、对接扣件、转角扣件。

6. 劳动组织和安全要求

（1）劳动组织：

根据工程的具体工程量确定，一组考虑6～8人，具体分工如下：

搬运、传递钢管：2～3人

搭设脚手架：3～4人

（2）安全检查：

根据实际需求设置1人。

7. 质量要求

质量要求见表7－5。

质量要求 **表7－5**

立杆垂直度		±10mm
纵向	一根杆的两端	±20mm
水平	同跨内两根杆高差	±10mm
杆高差	双排脚手架横向水平杆外伸长度偏差	－50mm

8. 效益分析

（1）成本测算（以济南知识经济总部产业基地B1楼工程为例进行说明）

与一次性整体架设上去的脚手架材料的周转、租赁费用进行比较，悬挑脚手架搭设的材料总费用计12万元，每次搭设人工费0.5万元，总费用15万元；整体一次性搭设外墙脚手架预算总费用为48万元，预期节省脚手架费用33万元，经济效益可观。

（2）安全效果

在高空风荷载及施工荷载作用下未发生任何安全问题，保证安全施工和工程进度。

（3）材料周转与配合

5～6d一层的施工进度，方便快捷，为确保主体结构提前完成（提前5d），发挥了作用。

9. 应用实例

济南知识经济总部产业基地B1楼工程，地下一、二层为汽车库和设备机房，地上二至二十六层为研发、办公建筑综合体。建筑面积11.6万m^2，地上部分总长度为100.8m，总宽度为42m，建筑物高95.1m。本工程一层层高4.5m，二层和二十六层层高3.9m，机房层层高4.45m，标准层层高3.6m。

本工程四层以上，设悬挑式双排脚手架，悬挑脚手架每六层悬挑一次，四层、十层、十六层、二十二层设水平悬挑梁，一至三步悬挑脚手架架体高度为21.6m，第四步悬挑脚手架架体高度为22.4m。其中建筑物东、西立面Ⓑ轴至①轴/Ⓕ轴柱之间脚手架和⑥轴/Ⓕ轴、⑦轴/Ⓕ轴阳角处脚手架按三层一步进行悬挑。

工字钢和钢丝绳准备两步施工用料，第二步施工完时，拆除第一步悬挑脚手架并倒运到第三步使用，第四步与第二步循环使用。

内立杆与外边梁侧面距离为300mm。外架端部及转角处必须设置剪刀撑，中间部位剪刀撑净间距为12～15m。立杆纵距1.5m（与工字钢间距相同），立杆横距1.05m，脚手架步距1.8m。纵向水平杆在上，横向水平杆在下，每2步铺设一层竹笆板，纵向水平杆间距小于400mm。操作层的外侧必须设置护栏及挡脚板，底部用平网兜底包住，外侧挂好密目安全网。每两层设置一道兜底网至建筑物外梁侧面。

7.1.9 防水工程

聚氨酯防水施工工法

随着住宅及公用建筑标准的不断提高，广大人民群众对建筑物的质量要求也越来越高，然而地下室及屋面渗漏仍是当前建筑工程中最突出的质量问题之一，给人民群众的日常生活和工农业生产造成极大的不便和巨大的损失。为此，我国近几年来研制开发出了多种高分子防水卷材和防水涂料。聚氨酯防水涂料则是一种新型高分子弹性防水涂料，该产品拉伸强度大，延弹性优异，对基层变形适应能力强。根据我们的施工经验，总结出了一套实用性较强的聚氨酯防水施工工法，已成为确保地下室、屋面防水工程质量的新型防水施工技术。

1. 特点

（1）重量轻、耐候性、耐水性、耐蚀性优良。

（2）适用性强，操作简便，容易涂刷，适用于形状复杂的基层和细部，且端部收头容易处理。

（3）冷作业，施工操作既安全又可减少污染，且易于维修。

（4）涂布厚度不易作到均匀一致，材料与潮湿基层的粘结力差。

2. 适用范围

本工法适用于地下室、屋面、卫生间地面、桥梁、人防工程等场所的防水工程，尤其是档次标准高、防水有严格要求的建筑宜优先采用该工法施工。

3. 工艺原理

先施工水泥砂浆找平层，待找平层干燥后，在其上直接进行冷作业施工，聚氨酯防水涂料形成密闭性强的柔性防水层。

4. 工艺流程及操作要点

（1）工艺流程

基层（找平层）→养护→基层处理→涂刷底层涂料（即聚氨酯底胶）→增强涂抹或增补涂抹→涂布第一道涂膜防水层（聚氨酯涂膜防水涂料）→增强涂膜或增补涂抹→涂布第二道或（或面层）涂膜防水层（聚氨酯防水涂料）→稀撒石渣→保护层。

（2）操作要点

1）基层

一般采用1：3水泥砂浆找平层，厚度15～20mm，找平层表面应压实平整，排水坡度应符合设计要求，水泥砂浆抹平收水后应二次压光、充分养护，不得有酥松、起砂、起皮现象。表面平整要求用2m靠尺检查，不得大于5mm。找平层与凸出屋面结构的连接处，以及基层的转角处，均应做成圆弧或钝角，圆弧半径不小于20mm。找平层压光后，必须做好养护，使其充分达到强度要求。

2）涂刷底层涂料

待基层干燥后，含水率小于9%为宜，应对基层清扫干净后，方可涂刷聚氨酯底胶。

①配制聚氨酯底胶：将聚氨酯涂料的甲、乙料按1：3～1：4（重量比）的比例准确

称量并混合搅拌均匀即成底层涂料，也可在聚氨酯防水涂料内加入适量的二甲苯进行配制，配制比例为甲料：乙料：二甲苯 =1：1.5：2（重量比），将材料混合搅拌均匀后，可作为底层涂料。

②涂布：涂布底层涂料的目的是隔绝基层潮气，提高涂膜同基层的粘结力。基层处理好后，底层涂料要均匀细致的涂刷，厚薄一致，且不得漏涂，一般涂布用量以 0.5 ~ 0.20kg/m^{2}为宜，涂布后应间隔 4h 以上，待其固化后，方可进行下道工序施工。

3）增强涂布与增补涂布

增强涂布是指在涂膜中铺设玻璃丝布，用板刷刮除气泡，将玻璃丝布紧密地贴在基层上，不得出现空鼓或折皱，增强聚氨酯防水层抵抗结构变形及温度变形的能力。

增强涂布是指对阴阳角、排水口、管道周围、天沟、檐口泛水等部位进行局部加强，做法同增强涂布，但可做多次涂抹。玻璃丝布的铺贴方向在屋面防水层施工时，应符合下列要求：屋面坡度小于 3% 时，玻璃丝布宜平行屋脊铺贴；屋面坡度在 3% ~5% 之间时，玻璃丝布可平行或垂直于屋脊铺贴；屋面坡度大于 15% 时，玻璃丝布应垂直屋脊铺贴。

4）涂布第一道聚氨酯防水屋

①配制聚氨酯防水涂料。

甲料：乙料 =1：1.5（重量比）

按比例准确称量甲料、乙料，放置搅拌容器内，立即开动电动搅拌器（转速 100 ~ 500 r/min）搅拌 3 ~ 5min，至充分拌合均匀，即可使用。若甲、乙料搅拌后黏度较大，不易涂布施工，则可加入重量为搅拌液 10% 的甲苯或二甲苯稀释拌匀。

②检查修补：在前一层涂料固化后，先检查其上是否有残留的气孔或气泡，如无，即可涂布施工；如有，则应用橡胶板刷混合料，用力压气孔，使之填平补实后方可进行第一道涂膜施工。

③涂布：用塑料或橡胶板刷均匀涂刷，力求厚薄一致，每平方用量约 1.5kg/m^2，施工过程应注意留出施工退路，可分区分片用后退法涂刷施工。

5）涂布第二道聚氨酯防水层

第一道聚氨酯涂膜固化后，即可在其上铺设第二层玻璃丝布，均匀涂刮第二道涂膜，方法同第一道，但涂刮方向应与第一道的涂刮方向相重。涂膜时，玻璃丝布长边搭接不得小于 50mm，短边搭接不得小于 70mm，玻璃丝布上下层不得互相垂直铺设，搭接缝应错开，间距不小于幅宽的 1/3。

第一道涂膜与第二道涂膜间隔时间以第一道涂膜的固化程度（手感不粘）确定，一般不小于 24h，但不应大于 72h。

6）稀撒石渣

在最后一道聚氨酯涂膜固化前，在其上稀撒粒径约 2mm 的石渣，待最后一道聚氨酯涂膜固化后，石渣即牢固粘结在涂膜表面，其作用是增强涂膜与保护层的粘结力。

7）设置保护层

在最后一道聚氨酯防水层固化后，即可进行此道工序。保护层根据不同的建筑要求可采用相适宜的形式。例如，卫生间立面、平面可分别采用水泥砂浆、铺贴防滑地砖；一般房间立面可以铺抹水泥砂浆，平面可铺设地面砖，也可抹水泥砂浆或浇筑素混凝土；地下室外壁，可在其外部砌筑120mm保护墙，墙与防水层间留有15～20mm宽缝隙，随砌筑120mm墙随填充此缝作为防水层保护层，保护层完后，可进行回填土。

5. 材料

（1）找平层基层若采用1∶3水泥砂浆找平层，则要求；

水泥：强度不低于32.5级，宜采用普通硅酸盐或矿渣硅酸盐水泥。

黄沙：中砂，含泥量小于3%。

水：普通饮用水。

（2）玻璃丝布

面层：120－D型平纹中碱涂复玻璃丝布。

下层：100－D/130－I型平纹中碱涂复玻璃丝布。

密度：经向16，纬向13。

断裂强度：经向不小于0.45kN，纬向不小于0.15kN。

厚度：0.12±0.11mm

（3）防水涂料

以北京金之鼎化学建材科技有限责任公司生产的金鼎系列聚氨酯防水涂料为例，该聚氨酯防水涂料质量要求应符合表7－6的规定。

防水涂料质量要求 表7－6

项目		质量要求	
		Ⅰ	Ⅱ
固体含量		≥94%	≥65%
拉伸强度		≥1.65MPa	≥0.5MPa
断裂延伸率		≥300%	≥400%
柔性		－30弯折无裂纹	－20弯折无裂纹
不透水性	压力	≥0.3MPa	≥0.3MPa
	保持时间	≥30min不渗透	≥30min不渗透

注：Ⅰ类为反应固化型，Ⅱ类为挥发固化型。

6. 机具设备

（1）机械

电动搅拌器：用于搅拌甲、乙混合料。

搅拌桶（容器）：塑料或铁制圆底容器，以利强力搅拌均匀，系电动搅拌器配套机具。

（2）工具

小型油漆桶：用于装混合料。

橡皮刮板、塑料刮板：用于涂刷混合料。

铁皮小刮板：用在复杂部分涂刮混合料。

油漆刷、圆滚刷：用于涂刷底层涂料。

小抹子：修补基层。

油漆铲刀、扫帚、墩布、高压吹风机：用于清理基层。

磅秤（50kg）：用于称量配料。

7. 劳动力组织与安全

（1）劳动力组织

一般5～7人，即：

清理基层：1人；

配拌料：1人；

铺玻璃丝布：2人；

涂布防水涂料：3人。

（2）安全注意事项

1）施工现场要通风，严禁烟火。

2）施工人员应着工作服、工作鞋，并戴有手套和口罩。

3）操作时若皮肤上钻有涂膜材料，应及时用蘸醋酸的棉纱擦除，再用肥皂和清水洗干净。

8. 质量要求

（1）把好材料质量关，聚氨酯防水涂料应经各厂家在广泛比较“取样”筛选后择优选购，要坚持高标准、严要求，不以廉价取用，要全部达到规范要求和设计意图，施工环境温度为-5～35℃，宜在正温下施工。

（2）基层质量要求。基层（找平层）表面应压实平整，排水坡度应符合设计要求，水泥砂浆找平层应二次压光，充分养护，不得有酥松、起砂、起皮现象。涂布聚氨酯涂料时，基层必须干净、干燥，基层表面含水率小于9%。干燥程度的简易检验方法如下：将$1m^2$卷材平坦地干铺在找平层上，静置3～4h后掀开检查，找平层覆盖部位与卷材上未见水印，即可铺设防水层。

（3）进场的防水涂料和胎体增强材料抽样复验应符合下列规定：

1）同一规格、品种的防水涂料，每10t为一批，不足10t者按一批进行抽验；胎体增强材料，每$3000m^2$为一批，不足$3000m^2$者按一批进行抽检。

2）防水涂料应检验延伸率和断裂延伸率、固体含量、柔性、不透水性和耐热度，胎体增强材料应检验拉力和延伸率。

（4）防水涂膜应分层分遍涂布，表面应光滑，玻璃丝布平纹不显露，验收时，防水涂膜厚度不得小于2mm或满足设计要求。

1）天沟、檐沟与屋面交接处的附加层宜空铺宽度宜为200～300mm。

2）檐口处涂膜防水层的收头，应用防水涂料多遍涂刷或用密封材料封严。

3）泛水处、女儿墙压顶处进行防水处理。

4）水落口周围直径500mm范围内坡度不应小于5%，并用防水涂料或密封材料涂封，其厚度不应小于2mm。

9. 质量通病及防治措施

见表7-7。

质量通病及防治措施 表 7－7

项次	项目	主要原因	防治措施
1	气孔、气泡	聚氨酯混合料搅拌方式、搅拌时间未掌握好；基层未处理好	选用功率大、转速不太高的电动搅拌器，搅拌容器宜用圆桶，搅拌时间以 3～5min 为宜；基层要清洁干净，没有浮砂、灰尘
2	起鼓	基层质量不良、不干燥；施工环境湿度大、通风不良	基层干燥程度用简易方法测定，若出现起鼓后，应将起鼓部分全部割去，露出基层，排出潮气，再分遍分次抹成
3	翘边	基层不清洁、干燥；底层涂料粘结力不强；收头操作或密封处理不细致	施工时，基层要干燥、清洁、操作仔细，防止带水施工
4	破损	防水层固化前未注意加强保护	加强保护意识，固化前严禁其他工序在其上施工、人行走、放置工具等

10. 效益分析

聚氨酯涂膜防水工法与传统的三毡四油防水层做法相比，具有下列特点：

（1）防水效果好、质量可靠。从多个工程的应用实例来看，聚氨酯涂膜防水施工工法能够确保建筑物的防水功能，而且质量稳定可靠。

（2）施工简便安全，减少环境污染。与三毡四油做法相比，基本清除了烫伤、中毒、作业条件恶劣以及环境污染等问题，特别是许多城市在市区已停止使用热作业，社会环保效益更加重要。

（3）耐用年限长，耐久性能良好。聚氨酯涂膜防水寿命可达 10～15 年，而油毡寿命一般为 3～5 年。

（4）节省人工，加快施工进度，单方用量可以控制，避免浪费，这样从工期和避免浪费方面考虑，经济效益非常显著。

（5）造价较高。以带女儿墙内天沟排水平屋面为例，查 1996 年《山东省建筑工程综合定额》子目 5－55，三毡四油一砂屋面 17.75 元/m^2，子目 5－58，聚氨酯防水层面及 72.71/m^2，虽然聚氨酯防水层价格较高，但是从使用年限、确保防水功能及施工安全简便，环境污染小以及加工施工进度，避免材料浪费等方面综合考虑，具有较好的综合技术经济效益。

11. 应用实例

（1）山东核电工程公司住宅 1 号楼地下室及屋面防水：2330m^2。

（2）山东核电工程公司住宅 1 号楼地下室及屋面防水：1980m^2。

（3）济南市建委老干部活动室屋面防水：510m^2。

（4）济南市历下区粮食局宿舍楼屋面防水：790m^2。

7.1.10 门窗工程

铝合金门窗安装施工工法

随着人民生活水平的不断提高，同时为了节约与减少使用木材及木门窗的淘汰使用，一批新型材质的门窗逐渐进入建筑工程。其中铝合金门窗由于轻质高强，美观大方，无锈蚀污染，减少常年维修费用，而受到广大用户的欢迎。但在安装使用中产生了一些问题，影响到它的推广使用。针对这些问题，我公司根据济南市大纬二路小学综合楼造型较复杂的铝合金门窗编制了成熟的施工工法。

1. 特点

（1）轻质美观：铝质门窗与传统的木、钢门窗相比重量轻，一般降低 1/3 ~ 2/3，尺寸方正，表面光洁，无须油漆，面层做镀膜，其装饰效果更佳。

（2）制作安装简单：可直接在现场加工制作，一般使用切割机，射钉枪即可组装成型，安装上墙。

（3）节省维修费用：由于铝材不锈蚀、不老化，减少了长年维修费用。

2. 适用范围

适用于所有工业与民用建筑工程的门窗安装。

3. 工艺原理

按照建筑工程对铝合金门窗的要求，从施工技术入手，形成保证质量易于操作的系统、安装施工方法。

4. 工艺流程及操作要点

（1）工艺流程

1）制作工艺：原材料控制→下料切割→钢套副框加工→组装。

2）安装工艺：预安砌块→弹线→安装钢套→框体安装→扇安装→配件安装→成品保护。

（2）操作要点

1）原材料控制：铝合金材料是门窗质量的关键，由于目前建材市场混乱，假冒伪劣较多，因此必须把好原材料进场关，严格按照《关于实行“建筑用原材料构配件使用认可证办法”的通知》（济建管字［1996］157 号）附件二：“济南市建设门窗使用认可证办法”中（5）铝合金门窗的规定及有关材厚的要求，即铝合金门窗材料必须有准用证，并应经市质监站到仓库或工程现场取样做“三性”检验（抗风压、气密、水密）。铝合金材厚：门材 $\delta \geqslant 2$mm，窗材厚度 $\delta \geqslant 1.2$mm，生产厂家必须持有关部门核发的生产许可证。

2）下料切割：严格按图纸及洞口预留尺寸并留出填塞缝隙，钢套为 50mm × 10mm，$d = 1.2$mm 带钢，内径尺寸与铝合金门窗外径一致。

3）安装钢套：铝合金门窗安装前应增加钢套副框，以增强铝合金门窗的固定并防止对铝合金的污染，钢套安装前严格弹好控制线，做到上下顺直，横竖一致，然后用镀锌固定卡 180mm × 180mm × 1.5mm，用射钉固定于预留混凝土砌块上。安装完毕后及时检查安装质量，钢套副框兼有控制抹灰墙面平整垂直的作用。

4）铝合金门窗框安装：一般湿作业全部完后塞口安装框体，安装时应将框料外包裹的塑料薄膜揭下，另贴胶带纸（膜）保护立面。框体与副框的固定彩镀锌固定卡间距 ≤250mm，使用自攻螺钉固定牢靠，施工中严禁砂浆污染。

5）扇体、配件安装：窗扇为推拉形式必须嵌入推拉槽内，同时安装限位器，防止窗扇出轨与框体碰撞，框扇节点必须使用碰胶或胶垫，拉窗下槛设排水眼，扇体玻璃应使用防水密封胶条嵌入槽内，胶条拐角应做45°斜角切断，切断处使用密封胶粘结牢固严密。

5. 材料

（1）固定材料：混凝土块、镀锌钢板、射钉。

（2）安装材料：铝型材、框、扇、玻璃、拉铆钉、密闭条、密闭胶。

（3）配件：胶垫、缓冲器、限位器、碰钩、开关器。

6. 机具设备

（1）设备：切割机、电钻、电焊机。

（2）工具：专用螺丝刀、卷尺、塞尺、锤子、橡皮。

7. 劳动组织与安全

（1）劳动组织

1）制作：一般3人即：下料1人；切割1人；组装1人。

2）安装：一般3人，包括框扇配件安装。

（2）安全要求

1）使用机具注意防触电。

2）安装防止高空坠落。

3）切割防止手受伤。

8. 质量要求及控制

（1）铝合金门窗安装质量管理点（表7-8）

铝合金门窗安装工程质量管理点设置 **表7-8**

<table>
<tr><th>工程项目</th><th>班组目标</th><th>分项项目</th><th>管理点设置</th><th>自控标准</th><th>规范标准</th><th>对策措施</th><th>检查方法及检查工具</th><th>执行人</th></tr>
<tr><td rowspan="4">铝合金门窗安装工程</td><td rowspan="4">门窗开关灵活，安装牢固、正面、侧面垂直</td><td>门窗框两侧对角线长度差</td><td>用钢尺量里角</td><td>2mm</td><td>当≤2000mm时≤2mm，>2000mm时≤3mm</td><td rowspan="4">1. 门框安装前按规范标准检查，不合格的不使用
2. 加强支撑，保证尺寸
3. 安装时注意牢固，及下面、侧面垂直度
4. 随时用水平尺核对检查
5. 按施工验收规范及设计要求执行</td><td>用钢卷尺量里角的对角线</td><td></td></tr>
<tr><td>门窗框的正面侧面垂直度</td><td>用托线板吊靠门窗框垂直</td><td>2mm</td><td>当≤2000mm时≤2mm，>2000mm时≤2.5mm</td><td>用1m托线板检查安装后的正面、侧面垂直度</td><td></td></tr>
<tr><td>门窗框水平度</td><td>安装用水平尺</td><td>≤1.5mm</td><td>当≤2000mm时≤1.5mm>2000mm时≤2mm</td><td>用1m水平尺、楔形塞尺查</td><td></td></tr>
<tr><td>关闭严密缝隙均匀，五金齐全位置正确</td><td>安装牢固，开头灵活</td><td></td><td></td><td>观察</td><td></td></tr>
</table>

（2）铝合金门窗安装质量控制和关联部门保护措施

1）铝合金门窗安装工程质量控制（图7-7）。

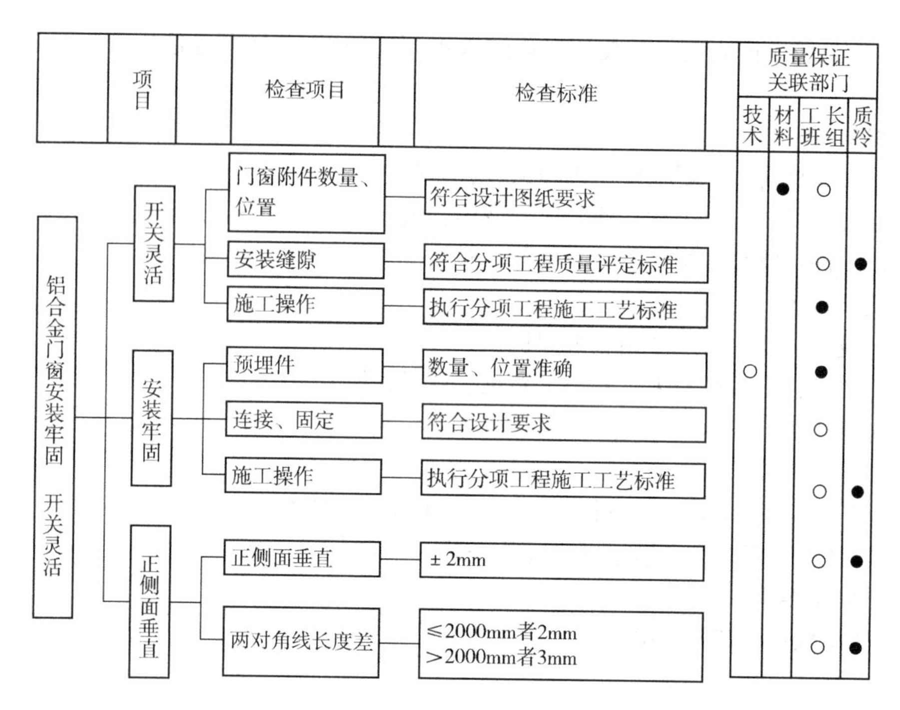

铝合金门窗安装工程质量控制

注：●强相关部门；○一般相关部门。

图 7－7　铝合金门窗安装工程质量控制流程图

2）铝合金门窗安装工程关联部门保护措施（表 7－9）

铝合金门窗安装工程关联部门质量保护措施　　表 7－9

部门	质量保护措施	执行人
技术	制定施工方法及工艺标准并在实际施工中加以检查	
材料	采购、供应由正式批准厂家生产的产品及附件，有质量证明文件	
工长	认真交底，合理组织，实施贯彻、组织检查	
质检	参加工长组织的分项工程质量等级的评定验收	
操作者	增强责任心、严格执行操作工艺，精心施工	

（3）影响铝合金门窗安装质量原因分析及预防措施（图 7－8）。

（4）铝合金门窗安装工程不合格品的处置（表 7－10）

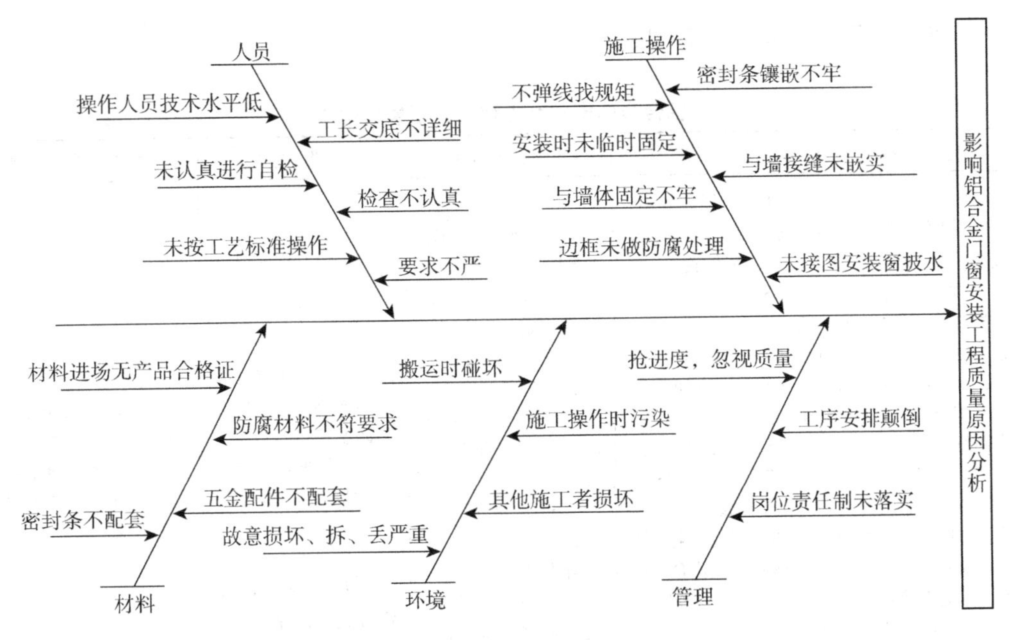

图 7－8　影响铝合金门窗安装质量原因分析图

铝合金门窗安装不合格品的处置　　　　**表 7－10**

项目名称	不合格项目		纠正措施		
不合格材料的处置	（1）门窗材质，几何尺寸不符合设计要求 （2）产品无生产厂家检验合格证明及产品出厂合格证明		（1）退货，重新加工订货、制作 （2）不得进行安装，必须补齐厂家检验合格证明及产品出厂合格证明等质量文件后，才可进行安装		
不合格品的处置	（1）门窗刚度不够，表面有划痕或擦伤 （2）门窗框与墙洞连接不牢固 （3）门窗正面、侧面垂直度超偏 （4）门窗开启，闭合不灵活 （5）密封不严密 （6）门窗表面及周围环境未作清理		（1）须经加固处理及划痕、擦伤修补，经检验合格后，进行安装 （2）仔细检查原因采取加固措施，必须使门框、窗洞连接牢固 （3）吊线检查、修理，直至符合要求不超偏为止。 （4）检查窗、门的尺寸，调整各结合处缝隙对五金配件调整，至开启、关闭灵活为止 （5）查明原因，认真处理，达到验收标准为止 （6）安装完毕后，认真清理门窗表面残留的污迹，周围环境，全面保证工程质量		
复验结果					
技术负责人		质量检查员		日期	

（5）工程管理卡（表7－11）

铝合金门窗安装工程工艺质量管理卡 **表7－11**

<table>
<tr><th>施工准备</th><th colspan="2">操作工艺</th><th colspan="2">质量技术标准</th><th colspan="2">成品保护措施</th><th colspan="2">应注意的质量问题</th></tr>
<tr><td>（1）材料
1）铝合金门窗的规格、型号应符合设计要求，五金配件配套齐全并具有合格证
2）防腐、保温材料及其他材料应符合图纸要求
（2）作业条件
工种之间办好交接手续，按图示尺寸弹中心线和水平线，如有问题应提前处理
安装前应对铝合金门窗进行检查，如有缺损，应处理后再行安装</td><td colspan="2">（1）弹线找规矩
（2）找出墙厚方向的安装位置
（3）安装铝合金窗披水
（4）防腐处理
（5）就位和临时固定
（6）与墙体固定
（7）处理窗框与墙体间的缝隙
（8）安装五金配件
（9）安装铝合金门窗玻璃或门窗纱扇
（10）安装门窗五金件
（11）门窗框防水密封</td><td colspan="2">（1）铝合金门窗及附件质量必须符合设计要求和有关标准规定
（2）安装必须牢固，预埋件的数量、位置埋设、连接方法必须符合设计要求
（3）门窗安装位置、开启方向必须符合设计要求
（4）边缝接触面之间必须作防腐处理，严禁用水泥砂浆作填塞材料</td><td colspan="2">（1）铝合金门窗应入库存放
（2）门窗保护膜要封闭好
（3）堵缝前应对水泥砂浆接触面涂刷防腐剂进行处理
（4）抹灰前用塑料薄膜保护铝合金门窗
（5）架子搭拆、室外抹灰时注意对铝合金门窗保护
（6）建立严格的成品保护制度</td><td colspan="2">铝合金门窗拼接时接头不平、窜角，地弹簧安装不规矩，尺寸不规则，面层污染咬色、划痕</td></tr>
<tr><td rowspan="4">安全、技术、节约等项措施</td><td colspan="6" rowspan="4">1. 注意成品保护，避免损坏
2. 工作前先检查脚手架是否牢固，确认合格后，方能进行工作
3. 操作时精神要集中，不得嬉笑打闹，以防意外事故发生</td><td>检查验收结果</td><td></td></tr>
<tr><td>检查评定等级</td><td></td></tr>
<tr><td>参加检查验收人员</td><td></td></tr>
<tr><td>验收部门</td><td></td></tr>
<tr><td>施工组织设计编制人</td><td>施工员</td><td></td><td>班组长</td><td></td><td>施工时间</td><td></td><td>竣工验收日期</td><td></td></tr>
</table>

（6）测量参数及计量器具选择（表7－12）。

测量参数及计量器具选择分析 **表7－12**

序号	工序号	工序名称及位置	测量参数名称	测量范围与精度（mm）	测量频数	计量器具名称	型号规格与准确度	应配数量	已配数量	配备位置
1	Ⅰ	安装门窗柜	门窗框两对角线长度差	≤2000时为2 >2000时为3	5%	钢盒尺	3000 ±1.5mm	1	1	班组
2			门窗框正侧面的垂直度	≤2000时为2 >2000时为2.5	5%	靠尺	1000mm	1	1	班组
3			门窗框的水平度	≤2000时为1.5mm	5%	水平尺	1000mm	1	1	班组
4				>2000时为2	5%	塞尺	150mm	1	1	班组

续表

序号	工序号	工序名称及位置	测量参数名称	测量范围与精度（mm）	测量频数	计量器具名称	型号规格与准确度	应配数量	已配数量	配备位置
5	Ⅱ	安装门窗扇	窗扇与框搭接宽度差	1	5%	深度尺		1	1	班组
6						钢板尺	150mm ±0.1mm	1	1	班组
7	Ⅳ		门扇与地面间隙留缝限值	2~7	5%	塞尺	150mm	(1)	(1)	班组
			门扇对口缝关闭时平整	2	5%	深度尺		(1)	(1)	

（7）铝合金门窗安装质量评定表（表7-13）。

铝合金门窗安装分项工程质量检验评定表 **表7-13**

<table>
<tr><td rowspan="3">主控项目</td><td>1</td><td colspan="10">铝合金门窗及其附件质量必须符合设计要求和有关标准的规定</td><td>质量情况</td></tr>
<tr><td>2</td><td colspan="10">铝合金门窗安装的位置、开启方向必须符合设计要求</td><td></td></tr>
<tr><td>3</td><td colspan="10">铝合金门窗框安装必须牢固，预埋件的数量、位置、埋设连接方法及防腐处理必须符合设计要求</td><td></td></tr>
<tr><td rowspan="6">基本项目</td><td rowspan="2">项目</td><td colspan="10">质量情况</td><td rowspan="2">等级</td></tr>
<tr><td>1</td><td>2</td><td>3</td><td>4</td><td>5</td><td>6</td><td>7</td><td>8</td><td>9</td><td>10</td></tr>
<tr><td>门窗扇安装</td><td></td><td></td><td></td><td></td><td></td><td></td><td></td><td></td><td></td><td></td><td></td></tr>
<tr><td>门窗附件安装</td><td></td><td></td><td></td><td></td><td></td><td></td><td></td><td></td><td></td><td></td><td></td></tr>
<tr><td>门窗框与墙体间缝隙填嵌</td><td></td><td></td><td></td><td></td><td></td><td></td><td></td><td></td><td></td><td></td><td></td></tr>
<tr><td>门窗外观质量</td><td></td><td></td><td></td><td></td><td></td><td></td><td></td><td></td><td></td><td></td><td></td></tr>
</table>

9. 劳动组织和安全

（1）劳动组织

一般门框扇安装2~3人。

窗框扇安装1~2人。

（2）安全要求

1）施工人员应戴好安全帽，高空作业系好安全带。

2）门框固定时防止倾倾伤人。

3）玻璃安装做好防护，防止高空坠落。

10. 效益分析

预算价格：

按现行市场价格：（全部成活）

90系列门（$\delta=2$mm），240元/m^2，窗（$\delta=1.2$mm），170元/m^2

70系列门（$\delta=2$mm），160元/m^2，窗（$\delta=1.2$mm），140元/m^2

新70系列门（$\delta=2$mm），190元/m^2，窗（$\delta=1.2$mm），160元/m^2

附加钢套框：5 元/m^2（预算价格）

11. 应用实例

（1）济南大纬二路小学教学楼。

（2）济南大学教学楼、办公楼。

（3）济南财政学院教学楼、办公楼。

7.2 安装工程

7.2.1 给水排水工程

管件滚槽开孔施工工法

管道采用沟槽连接是近年来发展起来的新型连接方式，使用范围非常广泛。而管道安装工程中沟槽连接中的管件成孔压槽是一项工作量大，质量要求严格的基础工作，它直接关系到工程的质量与进度，是管道安装工程的关键工序。为确保管件采用沟槽安装质量和提高工作效率，在施工中推广新工艺新机具，总结出此工法。

1. 特点

（1）安装成本低、安装简易，只需要一般技术人员操作，设备操作简单、投资小、空间与环境对产品质量的影响较小，效率提高，节约成本，无焊接，绿色环保无污染，总成本低。

（2）挠性与刚性完美结合。挠性接头允许在不同的环境而产生热胀冷缩，并可有一定的偏转角度为调整管路提供优势。刚性接头采用阴阳插接的方法使连接处具有焊接般的刚性。

（3）吸收噪声与振动，连接处内有高强度弹性胶圈，有助于密封、吸振、隔振。

（4）装拆方便，利于维护与保养。接头装拆方便，利于管内清理与保养，提高了管路的使用寿命。

2. 适用范围

发电厂、化工厂、高压供气装备、冷冻装备、工业设备、化工液体输送、城市供水、供热、污水处理及回收系统、建筑管道工程、消防装备、煤矿井下通风、瓦斯抽放、油田输送管路。

3. 工艺原理

运用新型专项加工机械对管道进行压槽、成孔，使用管件连接。

4. 工艺流程及操作要点

（1）工艺流程

施工准备→依设计图纸下料→沟槽的加工→连接支管处开孔→安装机械三通及四通→管道安装→试压、冲洗。

（2）操作要点

1）管材切割

用钢管切割机将钢管按所需长度切割，切口应平整，切口端面与钢管轴线应垂直。切口处若有毛刺，应用砂纸、锉刀或砂轮机打磨。小于 *DN*100 管材使用套丝机的管刀进行断管，其优势在于管道的端面垂直平整光洁，毛刺少。常规的无齿锯进行断管时，由于锯片时端面不平整、用力过猛、管道转动等因素易造成管道断面错位、毛刺多。

2）沟槽加工

①选取符合设计要求的管材，管材的端口无毛刺，光滑，壁厚均匀，镀锌层无剥落，管材无明显缺陷。

②将需要加工沟槽的钢管架设在滚槽机和滚槽机尾架上。

③用水平仪测量钢管水平度，保证钢管处于水平位置。

④将钢管端面与滚槽机胎模定位面贴紧，使钢管轴线与滚槽机胎模定位面垂直。

⑤启动滚槽机电机。缓缓压下千斤顶使上压轮贴紧钢管，开动滚槽机，使滚轮转动一周，此时注意观察钢管断面是否仍与滚槽机贴紧，如果未贴紧，应调整管子至水平。如果已贴紧，徐徐压下千斤顶，使上压轮均匀滚压钢管至预定沟槽深度为止，如图7-9所示。用游标卡尺检查沟槽深度和宽度，使之符合厂家沟槽规定尺寸（表7-14），然后停机。

图7-9　压槽机的使用

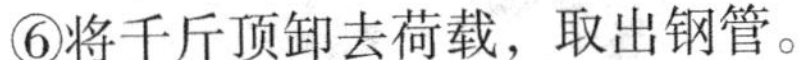

⑥将千斤顶卸去荷载，取出钢管。

钢管滚槽基本尺寸（mm）　　**表7-14**

<table>
<tr><th>公称直径（mm）</th><th>钢管外径（mm）</th><th>A ±0.76</th><th>B ±0.76</th><th>C</th><th colspan="2">D（公差）</th></tr>
<tr><td>25</td><td>33.7</td><td rowspan="16">15.88</td><td rowspan="3">7.14</td><td rowspan="4">1.60</td><td>30.23</td><td rowspan="4">-0.38</td></tr>
<tr><td>32</td><td>42.4</td><td>38.99</td></tr>
<tr><td>40</td><td>48.3</td><td>45.09</td></tr>
<tr><td>50</td><td>60.3</td><td rowspan="13">8.74</td><td>57.15</td></tr>
<tr><td>65</td><td>73</td><td rowspan="3">1.98</td><td>69.09</td><td rowspan="3">-0.46</td></tr>
<tr><td>65</td><td>76.1</td><td>72.26</td></tr>
<tr><td>80</td><td>88.9</td><td>84.94</td></tr>
<tr><td>90</td><td>101.6</td><td rowspan="5">2.11</td><td>97.38</td><td rowspan="5">-0.51</td></tr>
<tr><td>100</td><td>108</td><td>103.73</td></tr>
<tr><td>100</td><td>114.3</td><td>110.08</td></tr>
<tr><td>125</td><td>133</td><td>129.13</td></tr>
<tr><td>125</td><td>139.7</td><td>135.48</td></tr>
<tr><td>125</td><td>141.3</td><td>2.13</td><td>137.03</td><td rowspan="4">-0.56</td></tr>
<tr><td>150</td><td>159</td><td rowspan="3">2.16</td><td>154.50</td></tr>
<tr><td>150</td><td>165.1</td><td>160.9</td></tr>
<tr><td>150</td><td>168.3</td><td>163.96</td></tr>
</table>

续表

公称直径（mm）	钢管外径（mm）	$A\pm0.76$	$B\pm0.76$	C	D（公差）	
200	219.1	19.05	11.91	2.34	214.4	-0.64
250	273			2.39	268.28	-0.69
300	323.9			2.77	318.29	-0.76
管道规格	DN50～DN 65	DN 80～DN 100	DN 125～150 DN	DN 200	DN 250	DN 300
压槽时间（min）	2	2.5	3	4	5	6

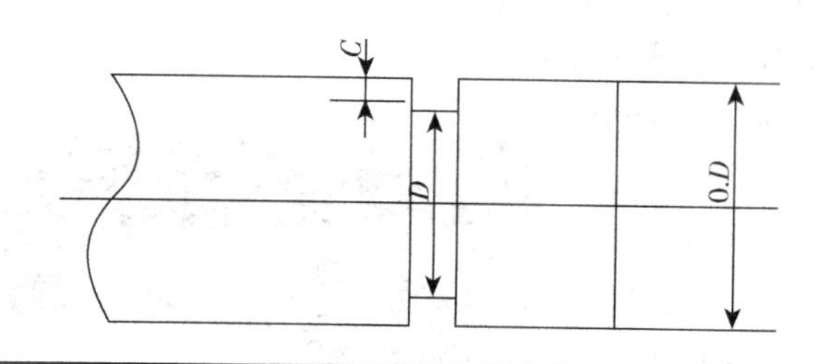

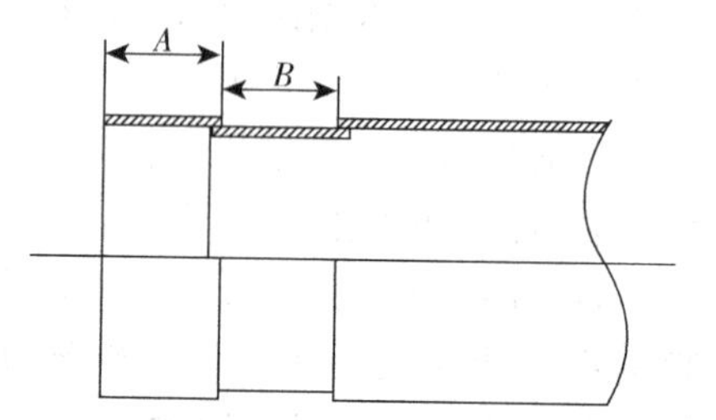

3）钢管开孔及机械三通、四通安装

安装机械三通、机械四通的钢管应在接头支管部位用开孔机开孔，如图7－10所示。

①用链条将开孔机固定于钢管预定开孔位置处（开孔位置不得位于管道焊缝处）。

②选取合适的钻孔钻头安装在开孔机卡头上。

③启动电机转动钻头。操作设置在立柱顶部的手轮，转动手轮缓慢向下，在钻头与钢管接触处添加适量润滑剂（以保护钻头），完成钻头在钢管上开孔。

图7－10　开孔机的使用

④开孔时要均匀施力并加水冷却，严禁戴手套操作，开孔后将周围 d（孔径）+16mm范围内清理干净（包括毛刺、铁屑、铁锈、油污等）。孔洞有毛刺，需用砂纸、锉刀或砂轮机打磨光滑。

⑤检查机械三通垫圈是否破损（若破损一定要及时更换）、三通内的螺纹有无断扣、缺扣等不合要求之处。将机械三通及配套沟槽置于钢管孔洞上下，注意机械三通、橡胶密封圈与孔洞中心位置对正。把螺栓插入孔内并上紧两边螺栓，确认沟槽件的弧形完全嵌入外壳的凹槽，均匀拧紧螺栓，直到外壳表面和垫圈套接触严密。

⑥如为机械四通，开孔时一定要注意保证钢管两侧的孔同心，否则，当安装完毕后，可能导致橡胶圈破裂，且影响过水面积。

机械三通、四通开孔尺寸见表7－15。

机械三通、四通开孔尺寸　　**表7－15**

支管外径	φ33	φ42	φ48	φ60	φ76	φ89	φ108	φ114	φ133	φ140
开孔尺寸	φ38	φ46	φ53	φ64	φ80	φ92	φ104	φ111	φ129	φ135

4）管道安装

安装必须遵循先装大口径、总管、立管，后装小口径、支管的原则。安装过程中不可跳装，必须按顺序连续安装，以免出现段与段之间连接困难和影响管路整体性能，如图 7－11 所示。

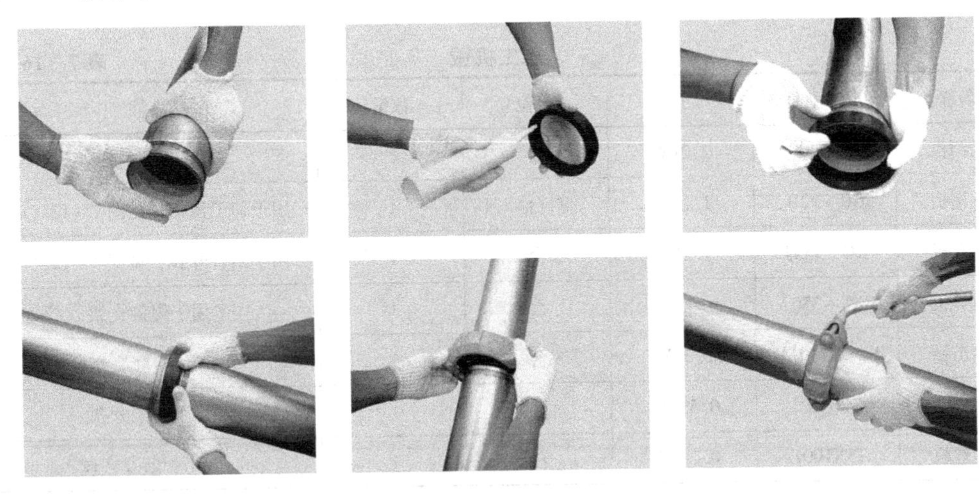

图 7－11　沟槽件的安装

①准备好符合要求的沟槽管段、配件和附件，检查钢管端部有无毛刺并将管内杂物清除干净。

②检查橡胶密封圈是否完好；将其套在一根钢管的端部。

③将另一根钢管靠近已卡上橡胶密封圈的钢管端部，两端处应留有一定的间隙。施工中间隙一般保持在 2mm 左右。

④将橡胶密封圈套在另一根钢管顶端，使橡胶密封圈位于接口中间部位，并在其周边涂抹润滑剂（无特殊要求时可用洗洁精或肥皂水）。

⑤两根管道的轴线应对正。

⑥在接口位置橡胶密封圈外侧安装上、下沟槽，并将沟槽凸边卡进沟槽内。

⑦用手压紧上下沟槽的耳部，并用木榔头锤紧沟槽凸缘处，将上下沟槽靠紧。

⑧在沟槽螺栓位置穿上螺栓，用扭矩扳手均匀拧紧螺母，防止橡胶密封圈起皱。

⑨检查确认沟槽凸边全圆周卡进沟槽内。

5）管道试压冲洗

管道安装完毕需进行压力试验，试验压力按设计要求和施工验收规范执行。试压前应全面检查各连接件、固定支架等是否安装到位。

①管道试压可分段、分层、分片进行。

②当管道有压时，不得转动沟槽管件、螺母等部件。

③管道试压的压力值、持压时间、试压合格标准应按设计及有关规范执行。

④试压完毕要对管道系统进行冲洗，冲洗要求同其他管道系统。

5. 材料准备

现场材料验收，焊接或镀锌钢管的管壁厚度、椭圆度等允许偏差应符合国家标准。沟槽连接件规格、数量符合要求，无明显的损伤等缺陷，并应附有材料质量证明。

6. 施工机具

（1）施工机械，见表7－16。

施工机械 **表7－16**

名称	规格型号	功率	单位	数量	备注
切割机	KL－400	2.2kW	台	1	用于断管
压槽机	GC－12B	1.1kW	台	1	用于加工沟槽，见图7－12（*a*）
开孔机	KC－135J	1.1kW	台	1	用于钢管开孔，见图7－12（*b*）
电焊机	BX1－350A		台	1	用于焊接支架
冲击钻	BOSCH40FE	0.3kW	台	1	用于固定膨胀螺栓
台钻	Z516	0.55kW	台	1	用于支架开孔
套丝机	T3X100L	0.75kW	台	1	管子切断及套丝

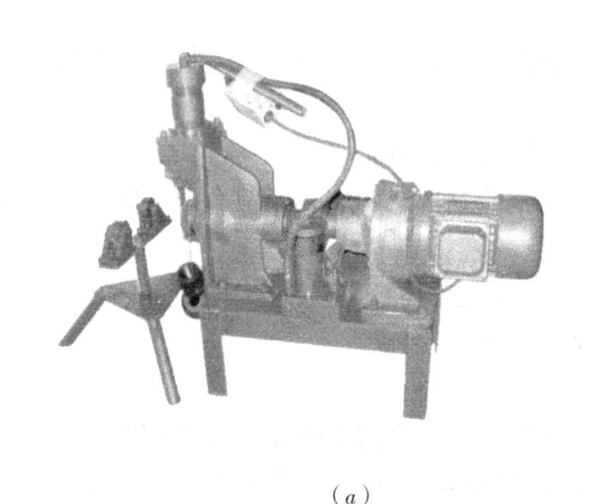

（*a*）

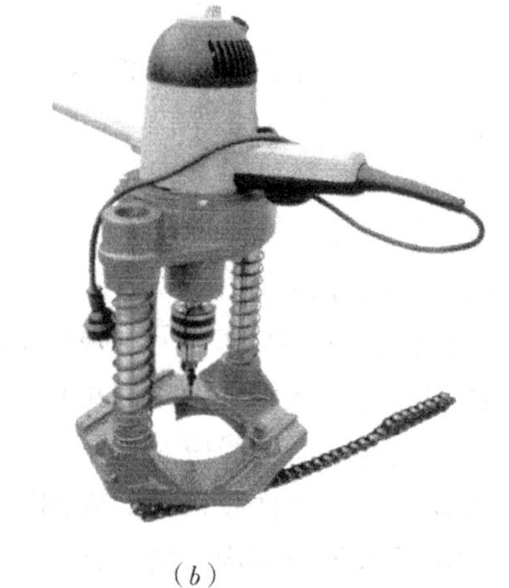

（*b*）

图7－12 压槽机及开孔机

（*a*）压槽机；（*b*）开孔机

（2）其他工具。

钢卷尺、扳手、游标卡尺、水平仪、润滑剂（可用肥皂水或洗洁精替代）、木榔头、砂纸、锉刀、砂轮机（大口径管道）、梯子或脚手架等。

7. 劳动组织及安全

（1）按一个生产班组组织人员（表7－17），应保证三人为一组进行。一人控制滚槽机的开关及千斤顶的升降，一人观察调整滚槽机处管道的转动，一人在滚槽机尾架上观察调整管道的位置。

生产班组组织人员 **表 7－17**

工种	人数	备注
管道工	1	
电工	1	设备用电管理，视生产规模，可几个班组共用
焊工	1	用于支架加工
辅助工	2	

（2）安全施工措施：

1）开孔机、压槽机的放置要平稳，并水平固定牢固，其操作要有足够空间。

2）电源安全可靠，做到“一机一闸”，施工机具不允许带病作业。

3）严禁戴手套操作机械。

4）拆卸沟槽件必须先泄压、放水后，再拆卸，以免伤人。

5）管子对接时，手要尽量远离接口，不可将手放在对接部位。

8. 质量要求

（1）管子外径和凹槽尺寸在公差范围内，并且接头螺栓采用垫片，避免管道配件的尺寸过大或过小。

（2）沟槽的宽度和深度符合要求，开槽不允许偏心。

（3）管道的垂直度和水平度在设计允许范围内，如无要求，水平度可为 0.5‰，垂直度允许偏差为 3‰，管道穿过楼板、墙体时加设套管。

（4）管件不得设置在过楼板、穿墙处。

（5）管道支、吊架的最大间距符合规定。

9. 施工中应注意的问题

（1）管道支架安装要求：支架的设定不应按照常规的焊接或丝接管道设置，常规的支架设置易造成接头处的下沉，使管道的接口渗漏及管道水平度允许偏差超出施工规范要求。同时沟槽不能用来承受管道的重量，因此，在沟槽式连接头处宜设置支、吊架，支吊架不可设在接头处和管件上。

（2）垫圈的选择

垫圈座（管端到凹槽）应平整、光滑，无高低不平现象。根据工艺要求和管道输送流体的性质，选用合适的垫圈。密封圈可根据不同的流体介质选用不同的材料。

10. 效益分析

（1）应用沟槽式连接，可以有效地节省劳动时间，提高劳动效率，特别在大口径管道上这一点体现得尤为明显，如 *DN*100 的镀锌钢管丝接时一个接头处约 40min，而采用沟槽式连接仅需要 10min。

（2）与法兰连接相比，安装过程中不需要电焊机等大中型用电设备，机械费用可节省 90% 左右。

（3）沟槽连接适宜管径大于 *DN*100 的焊接及镀锌钢管连接，与法兰连接相比，不需要二次镀锌和二次拆安，节省一倍以上的人工费。目前，沟槽管件的价格比相同规格丝接管件高一些，*DN*100 以下管网从经济上来说，采用丝扣连接比较适宜。

11. 应用实例

在济南知识经济总部产业基地B1楼工程的消防系统管道安装中，主要采用沟槽式连接。安装过程中开展QC活动，在系统安装完毕后进行系统试压时没有发生漏点，一次合格，使得质量、进度的优势在工程中得到体现，取得了良好的经济效益和社会效益。

7.2.2 电气工程

航空障碍灯施工工法

航空障碍灯是一种特殊的预警灯具，已广泛应用在高层建筑和构筑物上，除应满足一般灯具安装的要求外，还有其特殊的工艺要求。为此，编制本施工工法。

1. 安装范围

（1）障碍标志灯应装设在建筑物或构筑物的最高部位。

（2）当最高部位平面面积较大或为建筑群时，除在最高端设置外，还应在其外侧转角的顶端分别装设。最高端装设的障碍标志灯光源不宜小于2个。

2. 灯具的选型

灯具的选型根据安装高度决定：低光强的（距地面60m以下装设时采用）为红色光，其有效光强大于1600Cd。高光强的（距地面150m以上时采用）为白色光，其有效光强随背景亮度而定。

3. 灯具的电源

灯具的电源按主体建筑中最高负荷等级要求供电。

4. 灯具安装的工艺流程及操作要点

（1）工艺流程

灯具支架制作→放线定位→灯架安装→灯具检查→灯具安装接线→试运行。

（2）操作要点

1）灯具支架制作：

①钢材的品种、型号、规格、性能等必须符合设计要求和国家现行技术标准的规定，并应有产品质量合格证。

②按设计或灯具实际尺寸测量，画线要准确，采取机械切割的切割面应平直，确保平整光滑，无毛刺。

③焊接：应采用与母材材质相匹配焊条施焊。焊缝表面不得有裂纹、焊瘤、气孔、夹渣、咬边、未焊满、根部收缩等缺陷。

④制孔：螺栓孔的孔壁应光滑，孔的直径必须符合设计要求。

⑤组装：型钢拼缝要控制拼接缝的间距，确保形体的规整，几何尺寸准确，结构和造型符合设计要求。

⑥灯具支架制作完成后，有条件的应进行热镀锌，无法进行热镀锌的应进行防腐，先除锈，刷两遍防锈漆。安装后刷两遍面漆。

2）放线定位：

按设计及图纸将轴线从承重结构控制轴线直接引上，将需要预埋的金属构件或固定螺栓安装尺寸标注清楚，可配合土建施工，将预埋件或螺栓安装在混凝土中，也可将图纸提供给土建，请土建在施工时将铁件或螺栓埋入混凝土，因为灯座与屋面板同时浇筑。

3）灯架安装：

①灯架的连接件必须用热镀锌件，各部结构件规格应符合设计要求。

②承重结构的定位轴线和标高、预埋件、固定螺栓的规格和位置、紧固应符合设计要求。

③屋面航空障碍灯底座，如预留铁件可采用电焊，如留有螺栓可用螺帽紧固，并应设置防松动装置，紧固必须牢固可靠。

④墙上灯架如预留铁件可采用焊接，如没有预留铁件可采用膨胀螺栓固定。

⑤铁件焊接处或非镀锌件，应除锈干净，应刷两遍防锈漆和两遍面漆。

4）灯具检查接安装：

灯具安装前应先检查是否可靠，每套灯具的导电部分对地绝缘电阻值大于2MΩ，经试验灯具无问题方可安装。

5）灯具安装接线：

①灯具安装板上的定位孔，将灯具用螺栓加平垫和防松垫圈固定牢固。

②障碍照明灯应属于一级负荷，应接入应急电源回路中。

③灯具的启闭应采用露天安装光电自动控制器进行控制，以室外自然环境照度为参量来控制光电元件的导通以启闭灯具。也可联网于智能化建筑管理系统，也有采用时间程序来启闭灯具的，为了可靠的供电电源，两路电源的切换应在障碍灯控制盘处进行。

④障碍灯的接线宜设专用的三芯防水航空插头及插座，以方便检查维修。

6）灯具的试运行：

灯具安装完毕后应调试、试运行，调试应按设计要求先作线路绝缘测试，调试灯具启闭状态，检查是否满足设计或运行需要。当达到要求后，应试运行24h后，可组织验收。

5. 材料

（1）灯具在屋面上安装材料，见表7－18。

灯具在屋面上安装材料表 **表7－18**

编号	名称	型号及规格	单位	数量
1	航空障碍灯	按设计	套	1
2	螺栓	M16×60	个	4
3	螺母	M16	个	24
4	垫圈	ϕ16	个	20
5	固定板	1000×660，$\delta=4$	块	1
6	托盘	ϕ450，$\delta=6$	块	1
7	立柱	ϕ125×4，$L=1500$	个	1
8	肋板	200×87，$\delta=6$	块	8

续表

编号	名称	型号及规格	单位	数量
9	底板	300×30，$\delta=6$	块	1
10	螺栓	M16×400	个	4
11	螺栓	M16×45	个	4
12	底板	300×300，$\delta=4$	块	1
13	避雷针尖	按设计	个	1
14	避雷针体	按设计	个	1
15	螺栓	M12×65	个	2
16	螺母	M12	个	2
17	垫圈	$\phi12$	个	2
18	钢筋	$\phi12$，$L=610$	个	2

（2）灯具在侧墙上安装材料，见表7－19。

灯具在侧墙上安装材料表 **表7－19**

编号	名称	型号及规格	单位	数量
1	航空障碍灯	按设计	套	1
2	固定板	1500×1200，$\delta=42$	块	1
3	螺栓	M16×60	个	4
4	螺母	M16	个	4
5	垫圈	$\phi16$	个	8
6	膨胀螺栓	M8×100	套	4

6. 机具

电焊机、扳手、螺丝刀等。

7. 质量要求

（1）同一建筑物或建筑群灯具间的水平、垂直距离不大于45m。

（2）灯具的自动通、断电源控制装置动作准确。

（3）灯具安装牢固可靠，且设置维修和更换光源的措施。

8. 劳动组织

铁件加工1人，灯具安装2人。

9. 应用实例

济南知识经济总部产业基地B1座楼。

7.2.3 弱电工程

信号电缆地下接续施工工法

信号电缆接续按工艺的不同，主要有两种接续方法：一种是普遍采用的地面铸铁方向盒接续；另一种是地下接续，是一种新工艺。目前地下电缆接续的方法很多，其主要有聚乙烯热缩管接续，地下可拆装和不可拆装的接续盒体接续方法。从电缆接头连接方法上分有缠绕焊接和压接端子连接方式。从使用的绝缘密封材料上分有用硅橡胶密封、环氧树脂胶密封、硅酮密封胶密封、动态硫化胶密封等方法。目前在铁路系统应用广泛的是动态冷封方式。

1. 工法特点

（1）使用免维护地下接续盒，采用 ABS 工程塑料制作，具有耐腐蚀、机械强度高、适应地下埋设、体积小、重量轻、操作方便、便于施工等优点。

（2）电缆芯线接头采用压接技术，使用专用压接铜接头、专用工具，接续时间短、效率高。只要芯线接通，就可以通电试验，有利于电气设备通电试验。

（3）采用径向膨胀方法对盒体进行密封，然后灌注密封胶液，操作方便，对施工环境要求不高。

2. 适用范围

本工法适用于 UM71 和 ZPW－2000 自动闭塞设备改造中电缆接续施工和其他场合的信号电缆接续施工（注：在其他场合由于电缆规格型号不同接续中存在某种工艺和工序的改变，但接续的主要程序和质量要求是相同的）。

3. 工艺原理

在电缆接续中采用了较先进的工艺。首先，接续盒利用了变径技术，可满足各种规格直径不同的信号电缆接续。电缆芯线接续采用了压接技术，可避免因使用热缩方法产生高温而影响电缆的电气特性指标，同时，缩短了操作时间。电缆屏蔽连接采用压接和机械固定方式，保证了电缆屏蔽层可靠连接。盒体采用硬质工程塑料具有一定的机械强度。采用冷封胶密封，在常温下可进行固化，提高了灌注质量。

工法中的关键技术是：

（1）电缆芯线压接前所做的辅助工作和压接工艺操作是接续的关键技术。它主要包括电缆头的剥切技术、芯线压接技术、屏蔽线连接技术。

（2）电缆接头的绝缘性能。主要包括芯线间绝缘、对地绝缘、密封质量。

4. 施工工艺流程及操作要点

（1）工艺流程

如图 7－13 所示。

（2）操作要点

1）准备工作

①根据电缆的外径尺寸大小，切割辅助套管（辅助套管上的标线为辅助套管的内径尺寸），使辅助套管的孔径与电缆外径相同。

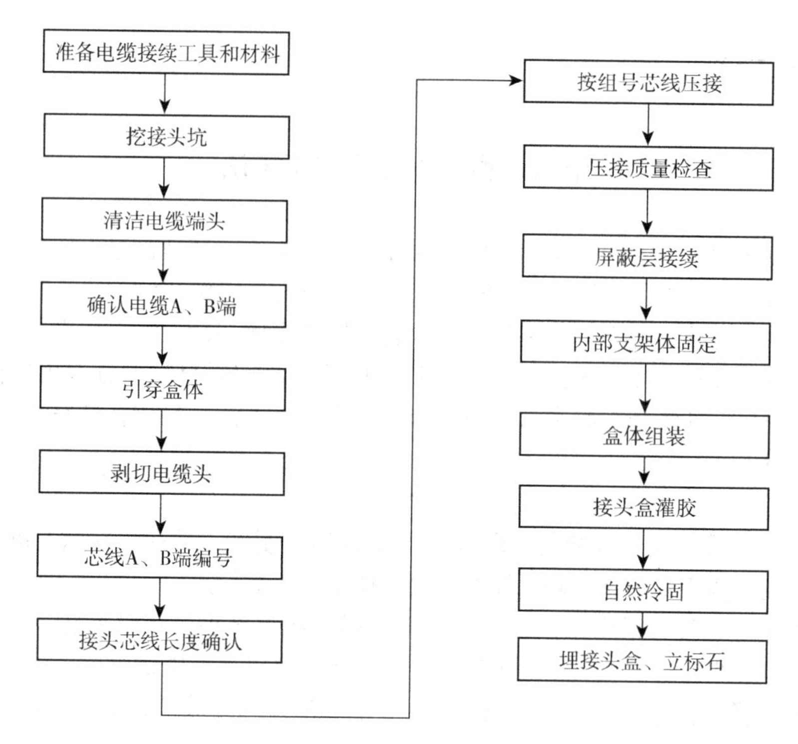

图 7－13　工艺流程图

②组装密封挡环：

a. 根据电缆外径的尺寸大小，选择适合于电缆外径的变径环。

b. 将变径环间的密封胶圈，用专用切割刀沿变径环内孔壁切割成孔状，切割后的密封胶圈孔的直径要略小于电缆外径。

c. 按顺序依次将辅助套管→密封挡环组装（紧固螺母面向辅助套管侧）→钢带固定环→套在电缆护套上（两侧电缆相同）。

d. 再将主套管套在一侧的电缆上。

密封挡环组装过程如图 7－14、图 7－15 所示。

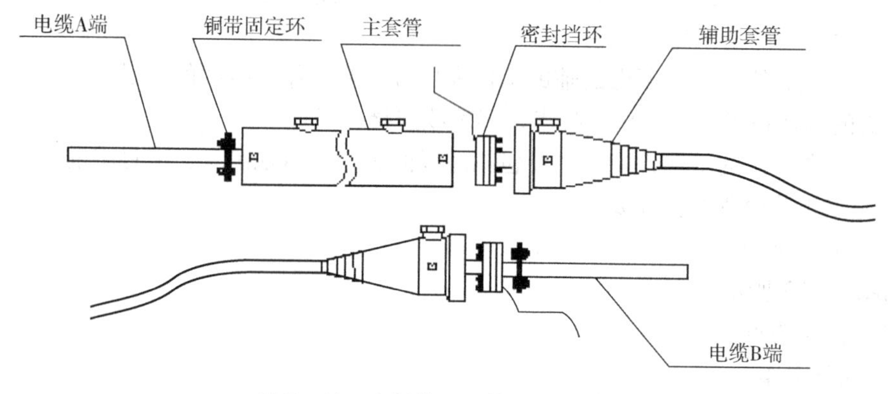

图 7－14　密封挡环组装过程示意图

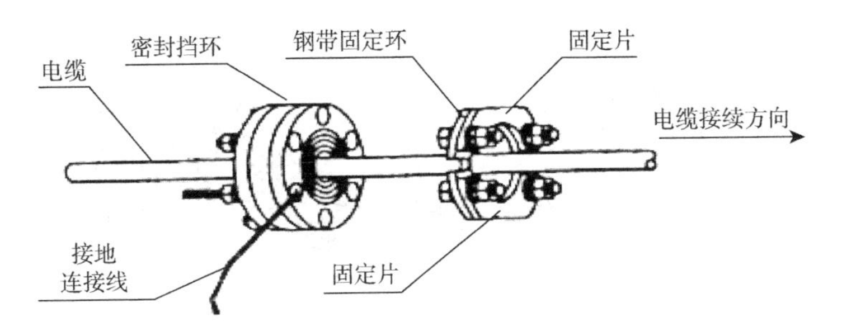

图 7－15　密封挡环组装结构示意图

e. 注意事项：

（a）选择变径环必须根据接续电缆的直径，严禁随意组合。

（b）密封挡环和钢带固定环在电缆中的位置，要严格按照组装顺序和零件位置的方向安装。

2）开剥电缆

①距电缆端头 300mm 处用电工刀环切电缆外护套一周，并向端头纵向切割将其除去。

②距外护套切口 15mm 处用克丝钳将钢带（双层）折弯 90°。

③剥除将钢带折弯处至电缆端头 80mm 的电缆铝护套表面垫层，并将铝护套用砂布条打磨。

④距电缆外护套 50mm 处，用钢锯环锯铝护套一周，当锯深为铝护套厚度的三分之二时，轻轻折断铝护套并将其抽出。

3）安装钢带固定环

①将双层钢带的正反面打磨处理。

②松开钢带固定环上的螺栓，将钢带夹在固定环中间，用螺栓紧固牢靠；保留钢带固定环外侧的钢带 5mm，将多余部分剪去，再将固定环外的钢带折弯后整平。

③将铝护套屏蔽网一端套在距电缆外护套切口 30mm 的铝护套上，用喉箍将其与铝护套紧固牢靠，然后将屏蔽网全部推向固定侧，露出电缆芯线。

4）芯线接续

非屏蔽线组的芯线接续除不进行屏蔽连接外其他部分与内屏蔽线组芯线接续相同。

①开剥芯线屏蔽层：

a. 距铝护套切口 50mm 处将屏蔽线组的屏蔽层剪断，保留芯线长度 185mm。

b. 除去屏蔽层端口 30mm 范围的绝缘层，再剥开屏蔽层纵缝，将内衬管套入芯线，将其放置在芯线与屏蔽层间，见图 7－16。

c. 屏蔽压接管放置在屏蔽层外端。

d. 将小屏蔽网穿入屏蔽线组的一端。

②芯线压接：

a. 将芯线绝缘层剥除 6－8mm，露出裸铜线。

b. 先将一个方向的全部电缆芯线用接线端子压接，方法是：将裸铜线穿入压接端子筒，通过检查孔观察裸铜线端头穿至压接端子筒的根部，然后用“芯线压线钳”压接，如图 7－17 所示。

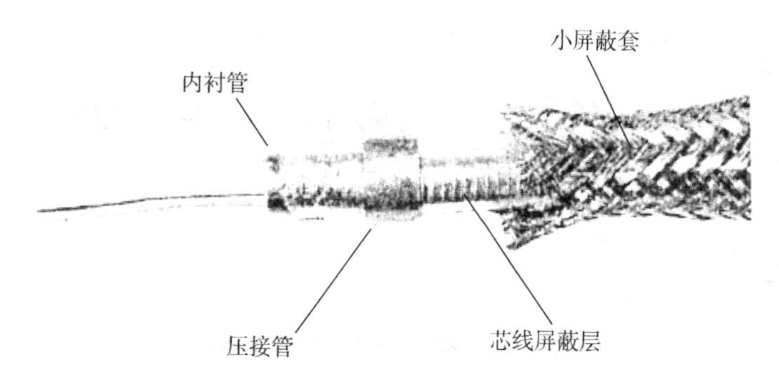

图 7－16　内衬管套入示意图

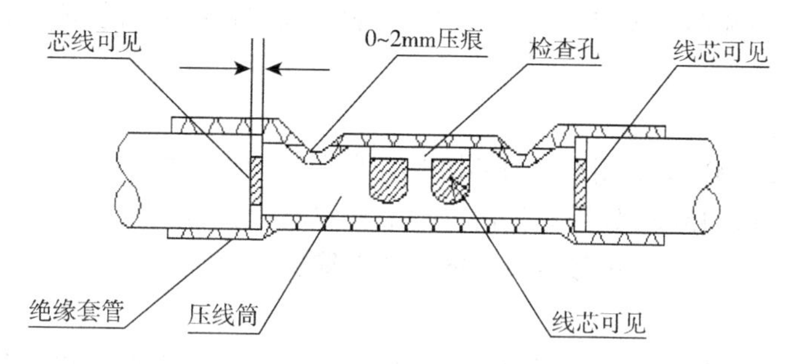

图 7－17　芯线压接示意图

c. 芯线一端压接完成后，再用同样方法将对应的另一侧电缆芯线压接。全部芯线压接完成后，检查核对压接的线组线对，确保芯线接续正确。芯线压接后如图 7－18 所示。

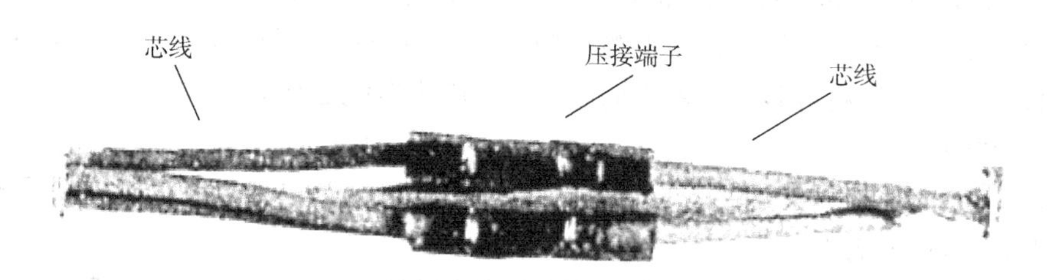

图 7－18　芯线压接后外观示意图

③压接注意事项：

a. 在芯线压接过程中始终保证电缆芯线在压接端子筒内的位置正确（即芯线插入深度要足够，在压接时不可串动）。

b. 压线钳与压接端子筒及芯线呈垂直状，压接时压接钳不得晃动。

c. 压线应一次压紧，压线钳压紧后，能自动松开，表明压接成功，严禁对压接后的端子进行再次压接。

d. 压线钳与压线筒及芯线的位置不得颠倒，如图 7－19 所示。

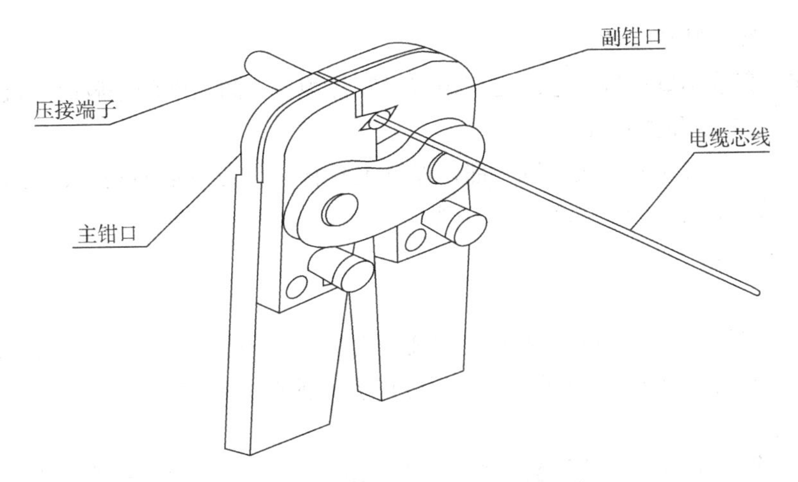

图 7－19　压线钳与压线筒及芯线示意图

④芯线屏蔽层连接：

a. 将小屏蔽套沿接续完的芯线恢复成直线状，小屏蔽套的两端分别与屏蔽层搭接 15mm。

b. 将内衬管移到屏蔽层切断口处，使屏蔽层覆盖内衬管。内衬管的端口探出屏蔽层切断口 1mm，以防止压接时屏蔽层切断口与芯线接触。

c. 先将屏蔽压接管套入小屏蔽套，再将屏蔽压接管移到与内衬管规定的位置，用“屏蔽层专用压接钳”在屏蔽压接管处压接，使电缆两侧屏蔽四线组的屏蔽层连接。

d. 屏蔽连接时应特别注意屏蔽层切口的处理，确保屏蔽层与芯线间的电气特性良好。

5）铝护套、钢带连接

①全部芯线接续完毕后，将接续后的电缆芯线恢复直线状态。

②用干燥的棉纱将铝护套与电缆缆芯之间的缝隙填塞，防止灌胶时胶液沿铝护套与电缆芯之间的缝隙渗漏。

③将铝护套屏蔽网沿电缆芯线拉至另一侧电缆的铝护套处，用喉箍将屏蔽网与铝护套固定连接。

④将固定接杆安装在固定环凹槽内。

6）盒体组装

①将两侧外护套切口 150mm 范围的电缆外护套用砂布打毛。

②将主套管移至电缆接续的中间部位。

③将两端的密封挡环推入主套管，外挡环与主套管端面在同一平面上，调整主套管注胶孔的位置，使接头盒落地后注胶孔与地面垂直向上。

④用扳手按对角、轮换的顺序，紧固密封挡环的螺钉，使密封胶片受挤压后径向膨胀；一端完成后再用同样方法安装另一端密封挡环。紧固密封挡环螺钉时，必须按对角轮换的要求均匀拧紧，不可盲目用力，避免用力过大损坏密封部件。

⑤将辅助套管与主套管对接，用专用扳手拧紧，辅助套管注胶孔与主套管上的注胶

孔在同一条直线上其角度差不大于 ±15°。

⑥在辅助套管小口径端与电缆之间用密封胶带缠包，防止灌膨胀胶时胶液渗漏。

7）灌注密封胶和膨胀胶

将接头盒水平放入电缆接头坑底部，保持主套管注胶孔与地面垂直，两端电缆储备量呈 Ω 状（或“S”、“∽”状）盘放整齐。

①灌注密封胶：

a. 调胶。

密封胶为双组分，密封胶 A 组分（大桶）开盖后，先将盒底沉淀物与胶液充分搅拌均匀，再将 B 组分（小桶）全部倒入 A 组分中充分搅拌混合均匀。

b. 灌胶。

打开主套管上的两个注胶孔盖，将密封胶用漏斗从主套管上的一个注胶孔向盒体内灌注，待胶液溢出注胶孔后，等待 10min，补齐胶面；再用专用扳手将两个注胶孔盖（有“O”形密封圈）拧紧。

②灌注膨胀胶：

a. 调胶。

将胶袋的中间卡条取出后，使 A、B 胶液混合，然后用手反复揉搓胶袋使 A、B 胶液充分混合均匀。

b. 灌胶。

将两侧辅助套管注胶孔盖打开，将膨胀胶平均分成两份，分别灌注到两侧辅助套管内，待胶液溢出注胶孔后，立即用专用扳手将注胶孔盖（无“O”形密封圈）拧紧。

③注意事项：

a. 密封胶混合时，必须将 B 组（小桶）胶全部倒入 A 组（大桶）内，保证 A、B 胶配比正确。

b. 膨胀胶的反应速度与温度有关，温度高时反应快，温度低时反应慢。当操作环境温度较低时，应按胶体混合要求增加混合时间；膨胀胶在调胶后应迅速灌注，防止胶液在胶袋内膨胀。

c. 安装注胶孔盖时应将套有“O”形密封圈的注胶孔盖拧在主套管上，并用专用内六角扳手拧紧至密封圈压平即可，避免用力过大造成胀裂注胶孔或扭断注胶孔盖。

8）机械防护、回填

在接续部位安装接头防护槽，先填埋 200mm 的松土，然后将接头坑全部填满。

5. 劳动组织

电缆接续工艺要求较高，各道工序之间紧密相接，接续质量直接影响到电缆特性。所以运用本工法所需要的电缆接续人员应由经过专业技术培训合格的信号工或通信工来完成，在进行接续操作中要合理安排接续人员埋设电缆接线盒，必要时还应增加普工。电缆接续质量检查应由专业的质量检查员或专业技术人员来进行。在正常情况下一个电缆接续盒施工，需要电缆接续工、普工、质量检验人员共同完成，所需要的工种、人员数量、作业内容及要求如表 7－20 所示。

地下电缆接续人员组织表（以一个接续盒为例） **表 7-20**

序号	作业内容	工种	人数	人员要求
1	电缆接续操作	信号工	2	通过专业接续培训合格
2	接续前挖坑，接续后埋设	普工	1	通过专业技术教育
3	接续质量检查	质检员	1	通过专业接续培训合格

注：当接续盒数量增加时，可根据接续时间要求增加接续人员。

为不断提高接续质量，在执行本工法中要结合质量管理来进行，可成立 QC 小组，对接续中存在的质量问题和难点，设置课题进行攻关，并建立质量管理体系，从组织上完善管理制度。

在本工法实施过程中应遵照下列技术要求组织施工：

（1）操作人员必须经过专业技术培训，持证上岗。

（2）在组织施工时要按电缆接续数量、接续时间来确定接续总人员数量。

1）对于接续数量多、时间比较宽裕的场合，可采用流水作业施工法。

2）对于接续数量多、时间紧迫的场合，可采用平行作业施工法。

（3）为保证接续质量，在接续操作中应两人为1组进行组合，互相配合，共同完成一个电缆接续盒的接续操作。

（4）电缆地下接续属于隐蔽工程，必须加强工程管理，要按隐蔽工程施工要求进行。

（5）材料的选购要符合质量标准，必须有质量检验合格报告，有铁道部或国家级质量鉴定部门的使用许可证明，有出厂产品合格证。使用前必须进行检验。

6. 机具设备

所需要的接续工具如表 7-21 所示，为保证接续质量，在接续前要对使用中的工具进行检查，不符合工艺要求的工具难以保证接续质量，必须更换。

电缆接续工具表 **表 7-21**

序号	工具名称	规格	单位	数量	备注
1	钢据		把	1	
2	剥线钳		把	1	
3	克丝钳		把	1	
4	偏口钳		把	1	
5	压线钳	VSJJ1	把	1	专用工具
6	呆板子	10mm	把	1	
7	螺丝刀		把	1	
8	壁纸刀		把	1	
9	切胶刀		把	1	
10	电工刀		把	1	
11	剪刀		把	1	

续表

序号	工具名称	规格	单位	数量	备注
12	电缆支架		个	1	
13	棘轮扳手		把	1	
14	活口扳手	150mm	个	1	
15	钢卷尺	2m	个	1	
16	专用扳手		把	1	专用工具
17	内屏蔽专用压接钳		把	1	专用工具

7. 质量控制

（1）执行标准

1）《铁路信号施工规范》（TB 10206—99）、《铁路信号工程施工质量验收标准》（TB 10419—2003）及《信号维护规则 技术标准》（铁运［2004］14 号）。

2）地下电缆接续盒使用说明书（厂家负责提供）。

（2）质量控制措施

1）编制施工组织设计，建立质量保证体系。

2）技术人员在接续前进行技术交底，制定质量标准。

3）接续人员必须经过专业技术培训合格，持证上岗操作。

4）接续中由专业质量检查员进行监督，使接续操作的每道工序都在受控状态下进行。

5）接续工作完成后，要进行质量检验。

8. 安全措施

（1）执行标准

铁道部颁发的《铁路工程施工安全技术规程（下册）》（TBJ 10401. 2—2003）标准。

沈阳局沈铁总发［2006］38 号文件《沈阳铁路局营业线施工及安全管理细化办法》。

（2）安全控制措施

1）在铁路旁接续施工时，要设安全防护员。

2）所用工具和材料放置地点不准侵入行车限界。

3）在停电施工计划规定时间内进行施工，严格执行登记要点、消点制度，并保证在规定的时间内完成任务。

4）影响既有设备使用时，要派专人进行登记要点，同时要对施工情况进行监控。

5）对既有使用中的电缆接续后，要进行通电试验和联锁试验，确保电缆芯线接续正确，保证使用中的设备正常工作。

6）要设安全检查员，对现场进行检查，及时发现不安全因素，保证人身和行车安全。

9. 环保和节能

（1）环境保护和控制污染指标

1）施工后现场不准有固体废弃物，固体废弃物回收率 100%。

2）施工后不应对现场造成污染，废物处理率达到90%以上。

3）保持原有生态环境状况，发生破坏现象时应进行恢复，原状保持率应达到95%以上。

4）施工用汽油要限量使用。

（2）环境保护措施

1）认真执行“以人为本、全员参与、科学规划、遵纪守法”的环保方针。

2）电缆接续时剥下的电缆外皮及金属护套，要进行回收利用。电缆护套可用来制作绝缘垫、绝缘圈，金属护套可用来制作金属连接件。不能利用的部分立即回收作为废品统一处理。

3）剪下来的铜芯线要回收利用，不能利用时作为废品处理。

4）密封胶盒用完后不能扔在操作现场，回收后进行减量化处理。

5）电缆接续完成后，应对操作环境进行检查，对地面进行平整，无废弃物，做到文明施工。

（3）可行性建议

对废弃密封胶盒进行减量化处理时，建议采用化学处理法，减少对空气和土地的污染。

10. 效益分析

用免维护的地下电缆接续盒代替铸铁电缆盒之后，因它体积小、重量轻，给施工带来了很多方便。最显著的特点是：施工操作时间短，搬运方便，可节省人力资源。接一个铸铁电缆盒综合工日需要3个工日，而地下接续盒综合1个工日就够了。

从日常维修方面，免去了日常维护工作，因是地下接续，防止了因自然灾害和人为损坏丢失等问题的发生而带来的经济损失，增强了行车安全性。所以，从提高行车安全性所产生的经济效益是非常大的。从施工单位对既有设备进行技术改造角度看，因停电施工有时间限制，又因受运输影响往往施工时间都被压缩得很短，一旦出现问题就没有处理时间，造成施工晚点开通，受到责任罚款。在某些技术改造工程中采用地下接续盒，可大幅度减少这方面的风险。比如，在自动闭塞改造施工中要对大部分电缆进行接续，用地下接续电缆盒之后，采用平行作业法，从电缆割断开始至电缆芯线接通止，时间非常短，21芯电缆只需15min、30芯电缆只需20min、42芯电缆只需25min即可接通，这对信号设备提前进行试验非常有利，为信号设备正点开通提供了附加时间。因此，可减少因施工晚点而受到建设单位责任罚款事件的发生，从而提高了企业的信誉和知名度。所以该工法的应用可节约人力资源，降低工程成本，降低工程施工风险。

11. 应用实例

自2006年4月起至2006年12月止，在某地段开通14个车站的信号微机联锁设备。在开通的过程中对车站两端的UM71自动闭塞电缆进行割接施工，全部采用免维护的地下接续电缆盒。绥中、兴城等14个站需要接续的电缆有162条，在各站封锁命令下达后，开始割断通向原来信号全站各继电器室的电缆，接续通向新微机室的电缆。在封锁时间内大站最多割接电缆19条，小站最少也在8条以上。因是停电施工，作业时间短，采用了集中人力、平行作业施工方法。从电缆割接开始至电缆芯线压接接通止，均在25min内全部接续完毕，把接续时间压缩到最短，给信号设备进行联锁试验，赢得了时间。14个站的联锁换制停电施工都安全正点开通，受到了沈阳铁路局的好评。

7.2.4 暖通与空调工程

水源热泵冷暖空调系统施工工法

暖通空调在为人们营造舒适环境的同时，也带来了两大问题：一是能耗问题，据统计，中央空调系统的能耗约占建筑总能耗的50%以上，有些地区甚至达到70%，给能源和电力造成很大的压力；二是废气排放、温室效应和酸雨等问题。因此，不断开发节能环保型、可持续发展的暖通空调技术已非常迫切。数量巨大、清洁无污染的地表水则是可利用的、适宜的新能源之一。地表水源热泵在热能利用过程中不会影响水资源，其前景将非常广阔。

地表水源热泵是以江、河、湖、海等地球表面的水体，作为热源的可以进行制冷/制热循环的一种热泵，在制热的时候以水作为热源，在制冷的时候以水作为排热源。其工作原理就是利用地表水（江、河、海、湖或浅水池）中吸收的太阳能而形成的低位热能资源，采用热泵原理，通过少量的高位电能输入，在夏季利用制冷剂蒸发将空调空间中的热量取出，放热给环流中的水，由于水源温度低，所以可以高效地带走热量；而冬季，利用制冷剂蒸发吸收环流中水的热量，通过空气或水作为载冷剂提升温度后在冷凝器中放热给空调空间。

以水作为热源的优点是：水的热容大，传热性能好，传递一定热量所需的水量比较少，换热器的尺寸较小。所以在易于获得温度较为稳定的大量水的地方，水是理想热源。比如江河湖海的地表水在一年内的温度变化都较小，都可以作为热源的水源。用水作为热源也不存在蒸发器表面上结霜的问题。

地球表面水源是一个巨大的太阳能集热器，地表水源热泵技术利用储存于地表水源的太阳能为人们提供供热空调，是利用可再生能源的一种形式。地表水源热泵空调是一种节能技术，其能源利用效率比空气源热泵高出40%。

随着我国节能政策的不断强化，水源热泵得到了高度重视，已成为亟待开发的新型能源之一。由于它不占平面空间，不需要燃料和过多的设施，与系统中央空调相比环保节能，节省长期运行费用。又由于采用这类冷暖空调能获得国家扶持资金，因此地源热泵冷暖空调系统开始得到了广泛的应用。为使这类系统得到广泛推广应用，特根据工程实践编制施工工法。

1. 特点

（1）利用可再生能源，环保效益高。

水源热泵从地表水中吸热或向其排热，而地表水热能来源于太阳能，它永无枯竭。地表水源热泵技术是一种清洁的可再生能源技术，机组运行过程中无废气排放，因此不污染环境。

（2）高效节能，运行费用低。

地表水体的温度比空气稳定，可以提高机组的效率，因为水的热容大，所以地表水体的温度变化一般比气温变化慢，夏季温度比空气低，冬季温度比空气高。据估算，夏季空调工况下1℃的冷却水水温降大约能提高机组3%的效率。据美国环保署（EPA）估计，设计安装良好的水源热泵，平均来说可以节约用户30%～40%的供热制冷空调的运行费用。

（3）节水节地

省去了锅炉房及附属煤场、储备房、冷却塔等设施，节省了建筑空间，并充分利用了天然的湖水资源。

（4）灵活多用，运行安全稳定

制冷、制热兼提供生活热水，真正做到一机多用，最大限度地利用了能量，提高了能源的利用率。冬季应用地表水源热泵不存在结霜危害，运行状况比较安全。

2. 适用范围

（1）适用于夏季有供冷需要，冬季有供热要求，而且冬季水温不过低的区域，如冬冷夏热地区。或者对冷热水同时都有需求的场所，如配置游泳馆的宾馆、度假村等。

（2）适用于建筑物附近有可以利用的江、河、湖、海水源的建筑工程。

3. 工艺原理

将地表水通过管道和热泵，循环利用水源中的热（冷）能源，以满足建筑物内部冷暖空调系统的需要。其工作原理如图7－20所示。

图7－20　工作原理图

地表水源热泵分为闭式（*a*）和开式（*b*）两种形式，见图7－21。

闭式系统将换热盘管放置在湖底或河的底部，通过盘管内的循环介质与水体进行热交换。冬季制热时，一般采用防冻液作为循环介质。这种系统容量一般比较小。

在开式系统中，从湖底或河的底部抽水，将水处理后直接送入热泵机组，换热后在离取水点一定距离的地点排放。开式系统的换热效率比闭式系统高，初投资低，适合于容量更大的系统。

4. 工艺流程与操作要点

（1）工艺流程

方案设计→设备选择与购置→管道敷设→热泵安装→空调安装→调试→竣工验收→

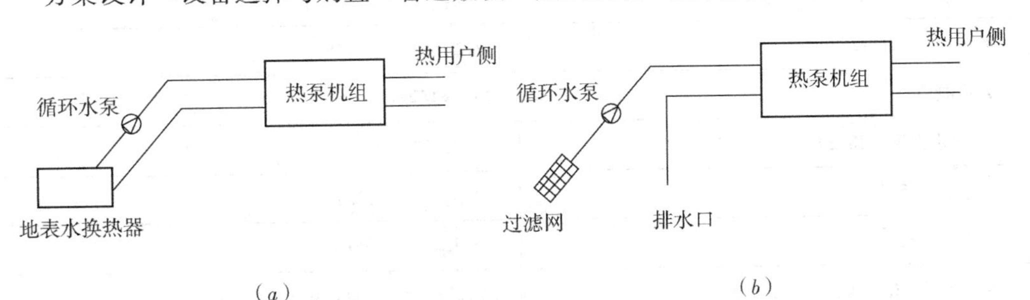

图7－21　地表水源热泵系统的类型

（*a*）闭式系统；（*b*）开式系统

交付使用

（2）操作要点

1）方案设计应充分考虑水源热泵空调的适宜性，从热量来源综合考虑，确保能源效率，适宜高效及冷热负荷平衡。投资应全面考察，避免不必要的损耗。其设计原则是：

①提高性能，效率为本。

供热工况下，热泵机组能效比不仅与机组采用的热力学原理有关，同时与热泵运行状况（冷热源温度）有很大关系。因此应把整个系统中所有的能量转换和传递过程都考虑进来，以提高全系统的能效比。

②强化传热，降低热阻。

在水源热泵系统中，换热器可根据需求采用板式换热器、管壳式换热器、套管式换热器等。热泵技术的使用有一个突出的结垢问题，污垢形成了附加热阻，使传热系数减小，换热性能下降，从而增加能耗。因此方案设计时要充分考虑抗垢技术。

③降低泵功率，提高整体输送效率。

目前使用的热泵系统和风机消耗电能往往超过系统总能耗的50%。因此方案设计要通过系统优化，空调水循环泵采用变频控制，并和流量调节装置合理配置。

2）设备选型与购置

水源热泵冷暖空调系统技术参数见表7－22。水源热泵如图7－22所示，其型号尺寸见表7－23。

水源热泵冷暖空调系统技术参数表 **表7－22**

制冷工况	制热工况
（1）制冷量　619kW	（1）制热量　612 kW
（2）输入功率　101 kW	（2）输入功率　173 kW
（3）蒸发器：	（3）蒸发器：
进/出水温度　12/7℃	进水温度　15℃
水流量　29.5L/s	水流量　15.7L/s
压力降　≤40kPa	压力降　≤40kPa
污垢系数　0.01761m^2·℃/kW	污垢系数　0.01761m^2·℃/kW
水管尺寸　*DN*125	水管尺寸　*DN*125
（4）冷凝器：	（4）冷凝器：
进/出水温度　18/29℃	出水温度　55℃
水流量　15.7L/s	水流量　29.5L/s
压力降　≤16kPa	压力降　≤16kPa
污垢系数　0.04403m^2·℃/kW	污垢系数　0.04403m^2·℃/kW
水管尺寸　*DN*125	水管尺寸　*DN*125

图 7－22　水源热泵图

水源热泵型号、尺寸表　　　　表 7－23

型号 HXHP－	20	38	76	114	150
机组尺寸长×宽×高	500×500×1000	600×780×1000	1100×750×1100	1800×750×1100	1100×750×1800

注：空调机组采用模块式组合，单个最小模块可实现建筑面积 $150m^2$ 建筑物的采暖制冷。

3）管道敷设

将取水管管道送入水源深处，管口做好网堵防止杂物进入管道内，外露部分做好保温与防腐，一般采用聚氨酯发泡保温，防水胶带包裹兼做防水层。伸入湖水管道底部打好垫层防止下沉，并固定牢固防止滑移，为防止循环水的交叉，取水管在湖水的上游，回水管在湖水的下游，并设一定的间距（大于 20m）。如图 7－23 所示。

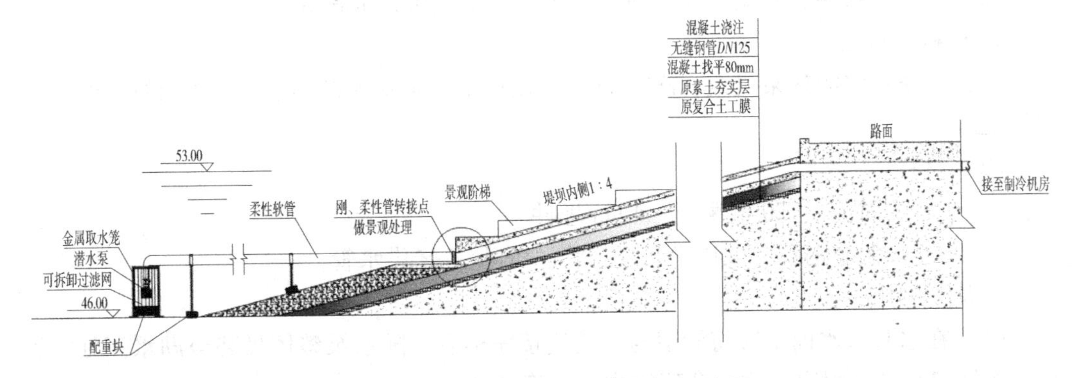

图 7－23　湖水侧进水管方案剖面示意图

4）热泵安装

在未建热泵机房内做好设备基础，预埋好固定螺栓（设备安装按图 7－24 布置），误差不大于2mm。然后安装选型后的热泵与基础固定牢靠。

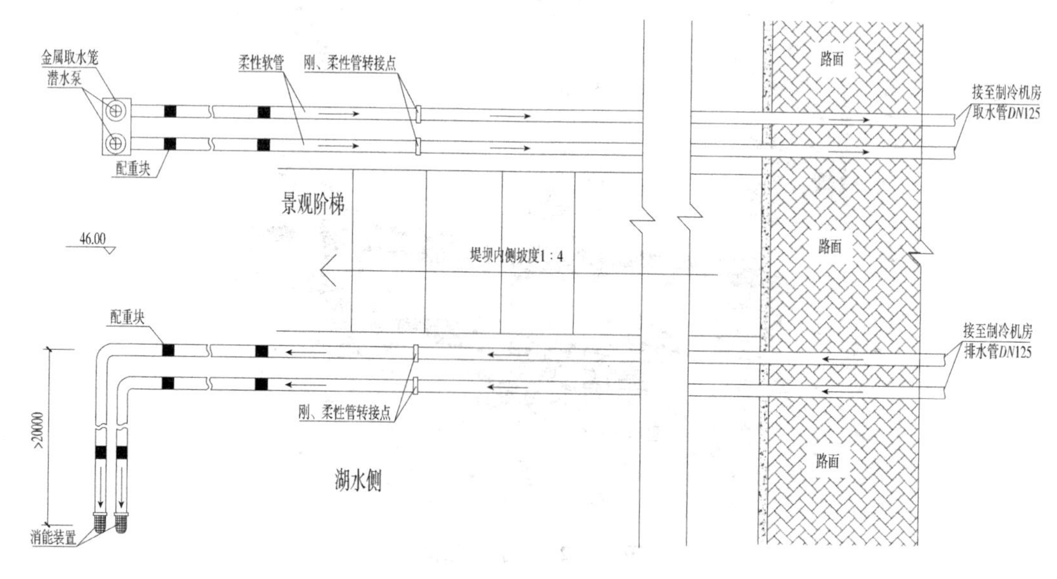

图7-24 湖水侧进、排水管方案平面示意图

5）末端设备（风机盘管、组合式空调机组等）安装

管线按设计要求（安装与采暖管道安装相同）施工，然后将末端设备与空调系统供回水管线连接。

6）调试

开动热泵，对设备与管道进行试运行，检查有无渗漏、堵塞、供回水不畅等问题，并及时处理。

5. 机具

（1）水源用机械：吊（安装）机械，起重机（汽车式），吊链，千斤顶（液压）。

（2）工具：扳手，管钳，切割机，电焊机，熔接机，卡箍等。

6. 材料（设备）

（1）设备：水源热泵机组；冷（热）水循环泵；湖水侧循环泵；风机盘管；组合式空调机组。

（2）材料：

1）垫层及固定：C20混凝土，4mm埋件。

2）管道：无缝钢管、PPR稳态复合管、PE聚乙烯供水管。

7. 质量要求

（1）在水泵入水前，应将管道与系统连接完毕后，随水泵整体吊装至湖水深处，管口处作好取水笼的固定，防止杂草污物进入管道。

（2）排水管水下部分出水口应做好消能处理，以免产生暗涌。

（3）热泵应按设计要求选型和安装。

（4）施工与检查验收严格执行规范要求。

8. 劳动组织与安全

（1）劳动力组织：按施工区域，分段组织进行施工。

（2）安全要求：

1）使用电气设备，做好防触电，并严格按照“一机一闸一箱一漏”。一般每组5～7人，整套系统20天左右安装完成。

2）进入湖水区应注意安全，穿好防护衣，无游泳技能人员不得入水。

3）高空作业应系好安全带，戴好安全帽。

9. 效益分析

目前建造地表水源热泵系统，因为其增加了一套取水回水系统，一般来说初投资要比使用冷却塔的传统系统高。根据经验，一般的投资回收周期在3～7年之间。

（1）成本测算：园博园科技馆生态示范工程共设计173套风机盘管，5套组合式空调机组，2台湖水源热泵机组，约3950m管道，成本价约340万元。

（2）技术经济效益

1）节省煤电等能源，预计标准煤每年节省180 t，节电113170度。

2）利用长清湖水源节省自来水每年5600 m^3。

3）有利于控制管理，每年节省管理用工240工日。

（3）环保效益：

1）不产生废渣、废液、废气、有利于环境保护。

2）水资源循环利用，对湖水、地下水、海水无污染。

10. 应用实例

山东济南第七届中国国际园林花卉博览会场馆之一——科技馆，于2009年1月16日开工建设，建筑面积13910 m^2。本工程中央空调系统采用的开式地表水热泵系统，地表水源来自建筑物临边的长清湖。设有独立动力机房，安装水源热泵机组、系统循环泵及相应附属设备。楼内房间采用“风机盘管＋新风系统”。大空间采用全空气系统，通过组合式空调机组，将空气进行处理（加热/制冷，过滤等）后，送入室内。该工程取得了良好的节能效果，被山东省评为生态节能科技示范工程，并向建设部推荐为全国生态节能科技示范工程。

7.2.5 管道工程

铝塑复合管安装工法

铝塑管是近年来在国内出现的一种新型建材，也是国家级重点推广产品，其品质优良、安装简单。为此，济南市建委下发专门文件大力推广该项管材，因此铝塑管的推广是大势所趋。在实践过程中，我们注意收集数据、资料，并与镀锌钢管等其他材料作了对比，从而形成了本工法。

1. 特点

铝塑复合管具有以下特点：

（1）耐腐蚀性与韧性：与钢管相比，铝塑复合管更能耐酸、碱、盐的腐蚀；与塑料管相比，铝塑复合管能在一定范围内（$R \geqslant 5D$）弯曲，因而韧性较好，且弯曲后不反弹。

（2）寿命长：铝塑管冷脆温度低，在无强射线辐射的条件下，寿命可达50年。

（3）阻力小：铝塑管PE内壁塑料层表面光滑，不易积水垢，不易被锈蚀，其沿程阻力系数仅为$R=0.009$，而钢管$R=0.3 \sim 0.4$，并且解决了生活用水二次污染问题。

（4）重量轻：铝塑管单位长度重量仅为同规格镀锌钢管的1/15～1/17。

（5）适用范围广：铝塑管可用于输送生活用水、采暖水、空调水、化工液体、煤气等多种介质，工作压力可达1MPa（与钢管基本相当），并因其具有电磁屏蔽性与抗静电性，因而也可用作电气保护管。

2. 适用范围

凡是建筑给排水均可采用这种管材。

3. 工艺原理

在高强无毒PE塑料管材内衬铝质管材使其共同工作，既消除钢管的污染腐蚀，又提高了塑料管材的强度。

4. 工艺流程与操作要求

（1）工艺流程

熟悉图纸→工人培训，掌握管材性能→配管下料→安装→试水→成品保护。

（2）施工工艺

1）施工之前首先熟悉图纸及其他技术文件，并已经过会审。

2）编制施工组织设计，组织人员、机具、材料等，并做技术交底，将有关专业、工程统一协调。

3）安装操作人员要经过学习、培训，对施工方法、工艺要求进行班组交底。

4）管材存放要注意不得露天放置，以免受日晒雨淋，也不要受硬物碰撞。

5）进入现场，首先对施工现场进行清理，施工时注意防止泥砂等污物进入管道；管道外防止油污等；管材注意免受硬物冲击；安装间断时，注意管口要临时封堵。

6）管道施工时一般两人一组即可，管道暗敷可在主体砌筑完毕之后、抹灰之前进行，首先将墙槽剔好（但为减少接头，可暂不配墙面管道，而与地面配管同时进行），墙槽宽度为管外径加60mm，深度应保证管外壁距墙面间距10mm；剔槽之前先弹线，然后用切割机切割后再剔槽，严禁用手锤、錾子直接剔打墙面的不文明施工行为。

7）管道安装之前要先调直，小于*DN*20mm的管道可用手直接调直，大于*DN*25mm的管道的调直工作可在较为平整的地面上进行；调直方法即用脚踩住管道，滚动盘卷向前延伸，再压直管道，用手调直即可。

8）管道调直后，可按现场安装所需长度以管剪或手锯截断，安装时若需弯曲，其弯曲方法与PVC管相同，即先将弯管弹簧送至需弯曲部位，然后均匀用力弯曲，成型后抽出弹簧，弯曲半径$R \geqslant 5D$。

9）管道与管件连接方法和步骤如下：

①首先将管子按所需长度截断、调直；

②用整圆扩孔器将管子整圆扩孔；

③将C形环和螺帽套在管子端头；

④将管件本体内芯插入管口内，并注意要将内芯全部插入；

⑤拉回螺帽和C形环，用扳手将螺帽拧紧固定在管件本体外螺纹上；

⑥管件安装完毕进行试压，合格后方可与器具连接。

10）楼层暗配安装；暗配管在做地面垫层之前进行，且做地面垫层时要注意保护，严禁手推车等辗压或未加保护被踩踏，易受破坏处需加强保护；暗配管隐蔽之前要作水压试验，试验压力应为工作压力的1.5倍且不小于0.6MPa，10min内压力降不大于0.05MPa，再降至工作压力，不渗不漏为合格；管道在墙槽内可用钢丝、管卡等临时固定，敷设完毕并试压合格后，将墙槽用水浸湿，再用高强度砂浆（或细石混凝土）分层嵌槽保护，保护层厚度不小于10mm，若有木装修等，则在毛墙面上做出标记，以防装修时破坏管道。

11）埋地暗配管安装：管道埋地敷设时，应在原土或夯实的回填土上开挖沟槽敷设，不得在松土或淤泥内进行；管道沟底应平整，不得有凸出物，若沟底较硬，如为岩石等时，则须在沟底铺不小于100mm的砂层；管沟回填时，管道两侧及管顶上方200mm范围内回填土应用砂土或粒径小于12mm不含硬物的土壤回填并夯实；埋地管道的管件需作防腐处理；管道埋地深度要低于冻土层深度，且埋深在不行车处不小于300mm，行车处不小于500mm。

12）管道明敷设时，宜用管卡或支架固定，固定件间距按下表，且弯头、阀门等处和弯曲部位增设固定件，秦处则应均匀一致、牢固无松动。

13）管道穿越墙、梁、楼层时应设镀锌钢套管，水平套管应与饰面相平，穿越楼层时则下面与饰面相平，上面高出地面100mm，套管内空隙以油麻填充。

14）管道系统安装完毕试压合格后，要进行通水试验，然后再以每升水含20~30mg游离氯的溶液灌满管道进行清洗，并静置24h以上，然后再以饮用水冲洗，水质达到“生活饮用卫生标准”后方可使用。

5. 材料

（1）铝塑复合管是五层复合而成，由内而外分别为：PE塑胶内壁—内胶合层—铝管—胶合层—PE塑胶外壁层。

1）内层塑胶：为卫生的PE塑胶，不含铅等重金属物质，无毒，耐腐蚀，不积水垢和微生物。

2）胶合层：将内外层塑胶与中间层铝管通过高压共挤紧密结合在一起。

3）铝管层：中间层纵焊铝管增强了管道的抗冲击力，使之不易破损，并且能100%地隔离氧气。

（2）材料验收：

1）管材与管件均应有明显标志，标明生产厂的名称和产品规格、类型，包装上必须有批号、数量、日期并附合格证。

2）同一批号管材颜色应一致，无分解变色线；管材内、外壁应光滑、平整，无气泡、裂纹、脱皮、碰撞等缺陷。

6. 配套工具

铝塑管安装较方便，机具也较简单，其配套工具为：整圆扩孔器、弯管弹簧、管剪（或手锯）。

7. 质量要求

（1）楼层安装管道布局要合理，不得穿越烟道、风道，明装管道不得离热源过近。

（2）冷热水管道安装应遵循“上热下冷、左热右冷”的原则。

（3）要注意不同种铝塑管道输送不同性质的介质，不可混用。

（4）铝塑管管材、管件质量、基础与回填土、试压、清洗要严格按设计的要求进行。

8. 劳动组织及安全要求

（1）劳动组织：一般 2～3 人即可每班完成成品安装 100～150m。

（2）安全要求：

1）操作人员应安全使用钢锯、手锤等工具。

2）高空作业应带好安全带。

9. 效益分析

（1）铝塑管能源消耗远低于钢管，因而其社会效益显著。

（2）铝塑管因可根据实际需要随意截取，又因其弯曲容易，因而大大减少了接头数量，降低了管件以及套丝机等机械、人工与材料费用。

（3）铝塑管导热系数为 0.45W/（m·K），因而在输送供热或制冷介质时，在一般隔热要求下，可以省去保温费用，而且也基本避免了钢管夏天易结露的弊端。

（4）因铝塑管具有耐腐蚀性，且表面光滑，因而也可省去除锈、刷油费用；因其可卷曲成盘，又降低了运输、存放的费用。

铝塑复合管已有省标，其产品质量、施工验收标准按《建筑给水铝塑复合管（PAP）产品标准》（DBJ14—BM8—99）、《建筑给水铝塑复合管（PAP）管道工程》（DBJ14—BS7—99）执行。

10. 应用实例

（1）济南四季花园十区 12 栋住宅楼。

（2）山东明珠园十区 18 栋住宅楼。

（3）山东黄金集团十区 18 栋住宅楼。

7.3 节能工程

平板形憎水膨胀珍珠岩绝热制品屋面施工工法

节能是国家发展经济的一项长远战略方针。随着建筑节能工作的大力开展，建筑物屋面的保温、隔热材料也不断地更新换代。平板形憎水膨胀珍珠岩绝热制品是济南市近几年来应用较为普遍的屋面保温材料之一，并形成了本工法。

1. 特点

憎水膨胀珍珠岩绝热制品是以膨胀珍珠岩与胶粘剂、憎水剂混合，经加工压制成型，而后烘干而成。具有容重轻、导热系数小，在同等厚度的情况下保温效果是水泥珍珠岩制品的2倍左右，与聚苯乙烯泡沫保温效果相同，但比聚苯乙烯泡沫强度高出6~7倍。使用温度范围大，防火性能好，并克服了其他保温材料吸水、吸潮等质量通病。

憎水膨胀珍珠岩绝热制品的施工，较以往现浇水泥珍珠岩的施工工艺操作更简捷，质量更加稳定，保温隔热性能更强。

2. 适用范围

本工法适用于各种形式的民用与工业建筑屋面的平板形憎水膨胀珍珠岩绝热制品的施工（倒置式屋面保温层施工除外）。

3. 工艺原理

运用平板形憎水膨胀珍珠岩绝热制品作保温层屋面，发挥其材料的特有技术性能，达到防水保温的效果。

4. 工艺流程及操作要点

（1）工艺流程

基层处理→弹线找坡→铺贴→涂结合层→防水层施工。

（2）操作要点

1）屋面如果是预制钢筋混凝土屋面板，应用1：3水泥砂浆找平，厚度20mm。

2）检查屋面，使其平整度、坡度符合规范及图纸要求。

3）对拟粘贴憎水珍珠岩保温板的屋面，应首先将基层清理干净，使屋面基层无积尘、浮灰和松散颗粒。

4）基层稍加湿润，但不能潮湿。

5）珍珠岩板符合质量要求，尺寸、规格准确，无灰尘、污物，并应有出厂合格证。

6）屋面结构工程必须经监理认可后，方可进行屋面保温层施工。

7）保温层厚度应符合设计要求，同时居住建筑还应符合建筑节能要求。

8）铺设憎水膨胀珍珠岩保温块（板）时，应留出施工过道，运料车不得直接压在已经铺设好的保温板面层上。

9）在处理好的屋面基层上用1：8水泥膨胀珍珠岩找坡2%，最薄处厚40mm。

10）找坡层干燥后，湿润基层，按重量比（791胶：水泥：砂：水=1：5：7.5：1.92）的比例将材料放进搅拌桶，插入电动搅拌器并搅拌，调成糊状后，摊涂于基层上，开始粘铺保温板。

11）错缝或顺缝铺设保温板，板与板之间自然接触，不留缝隙。粘贴时应在水泥浆上挤压，向前并向左或右推挤，至板缝间的浆冒出为止。

12）干铺的板状保温材料，应紧靠在需保温的基层表面上，并应铺平垫稳。分层铺设的板块上下层接缝应相互错开；板间缝应采用同类材料嵌填密实。

13）在铺设好的保温板面层上涂一道791胶水泥素浆结合层。

14）按规范或设计规定设置排气槽和排气孔。

15）铺砌完工后，经检查验收，确认砌块密实、表面平整、坡度符合要求，保温层施工完成后，应及时进行下一道工序，完成上部防水层的施工。在雨期施工的保温层应采取遮盖措施，防止雨淋。

16）在铺设好的保温板面层上，用 ϕ4@200 双向配筋，1∶3 水泥砂浆厚度为 30mm 做找平层，设置分格缝，纵横间距为 6m，缝宽 10mm，缝深至保温板，用油膏嵌缝。找平层必须浇水养护。

17）防水层施工。

5. 材料

791 胶、水泥、平板形憎水膨胀珍珠岩板材。

（1）791 胶。

（2）水泥：强度等级高于 42.5 级的普通硅酸盐水泥或 32.5 级矿渣硅酸盐水泥，应符合《通用硅酸盐水泥》（GB 175—2007）的要求。

（3）中砂：应符合《普通混凝土用砂、石质量及检验方法标准》（JGJ52－2006）的要求，细度模数 2.5～1.25，筛除大于 2.5mm 颗粒，含泥量少于 3%。

（4）平板形憎水膨胀珍珠岩保温板：

1）尺寸。

长度 400～600mm；宽度 200～400mm；厚度 40～100mm。

2）尺寸偏差及外观质量应符合表 7－24 的要求。

平板形憎水膨胀珍珠岩保温板尺寸偏差及外观质量　　表 7－24

项目		指标	
		优等品	合格品
尺寸允许偏差	长度（mm）	±3	±5
	宽度（mm）	±3	±5
	厚度（mm）	+3 －1	+5 －2
外观质量	垂直度偏差（mm）	≤2	≤5
	裂纹	不允许	
	缺棱掉角	（1）优等品：不允许。 （2）合格品： 三个方向投影尺寸的最小值不大于 10mm，最大值不大于投影方向边长的 1/3 的缺棱掉角总数不得超过 4 个。 注：三个方向投影尺寸的最小值不大于 3mm 的棱损伤不作为缺棱，最小值不大于 4mm 的角损伤不作为掉角	
	弯曲度（mm）	优等品：≤3；合格品≤5	

3）物理性能指标应符合表 7－25 的要求。

物理性能要求 **表 7－25**

项目		指标				
		200 号		250 号		350 号
		优等品	合格品	优等品	合格品	合格品
密度（kg/m^3）		≤200		≤250		≤350
导热系数［W/（m·K）］	298K ±2K	≤0.060	≤0.068	≤0.068	≤0.072	≤0.087
	623K ±2K	≤0.10	≤0.11	≤0.11	≤0.12	≤0.12
抗压强度（MPa）		≥0.40	≥0.30	≥0.50	≥0.40	≥0.40
抗折强度（MPa）		≥0.20	—	≥0.25	—	—
质量含水率（%）		≤2	≤5	≤2	≤5	≤10

4）憎水膨胀珍珠岩保温块（板）的憎水率应不小于98%。

5）掺有可燃性材料的产品，用户有不燃性要求时，其燃烧性能级别应达到 GB 8624 中规定的 A 级（不燃材料）。

6. 机具设备

台秤、搅拌桶、电动搅拌器、铝合金直尺、刮刀、小车、砂浆搅拌机、刀锯等。

7. 劳动组织及安全要求

（1）劳动组织

每 100m^2 的铺设面积瓦工 1 名，材料工 1～2 名。

（2）安全要求

平板形憎水膨胀珍珠岩绝热制品的屋面施工，应遵守国务院发布的《建筑安装工程安全技术规程》以及省市有关文件。

8. 质量要求

（1）平板形憎水膨胀珍珠岩绝热制品应有产品合格证书和性能检测报告，材料的品种、规格、性能等应符合《膨胀珍珠岩绝热制品》GB/T 10303—2001 的要求，材料进厂后应按规定抽样复验，并提出试验报告，对不合格的材料，不得在屋面工程中使用。

（2）保温层的基层应平整、干燥和干净。

（3）粘贴的平板形憎水膨胀珍珠岩绝热制品应贴严、粘牢。

（4）分层铺设的平板形憎水膨胀珍珠岩绝热制品上下层接缝应相互错开；板间缝隙补缺时应采用同类产品的粉碎材料嵌填密实。

（5）使用平板形憎水膨胀珍珠岩绝热制品铺设的保温层厚度的允许偏差为 ±5%。且不得大于 4mm。

（6）保温层的含水率必须符合设计要求。

9. 效益分析

（1）良好的施工，严格的平板形憎水膨胀珍珠岩绝热制品的进场质量控制，可以达到相同保温隔热效果的同时，相对于挤塑聚苯乙烯板（XPS）、硬质发泡聚氨酯等，可以大大降低工程造价。

（2）平板形憎水膨胀珍珠岩绝热制品的尺寸统一，密度均匀，使保温层既能达到保温均匀的效果，同时也避免了材料的浪费。

（3）采用平板形憎水膨胀珍珠岩绝热制品屋面施工，使劳动生产率大大提高，缩短了施工工期。

（4）采用平板形憎水膨胀珍珠岩绝热制品与现浇保温层施工相比，减少了膨胀蛭石和膨胀珍珠岩等散状颗粒运输、装卸、堆放的扬尘和撒落，减少了污染，有利于环境保护。

10. 应用实例

（1）济南（四建）集团有限责任公司在济南轻骑发动机厂的工程中，采用了平板形憎水膨胀珍珠岩绝热制品，取得了良好的经济效益和社会效益。

（2）山东省太古飞机库二期工程、汇统小区住宅楼工程、省检察院高层住宅楼工程，屋面保温均采用平板形膨胀珍珠岩保温板，工程自竣工以来，节能效果良好。

7.4 特殊工程

楼房同步千斤顶整体平移工法

1. 前言

楼房整体平移是20世纪80年代以来在我国新兴的一项施工技术。它具有节省时间、节约资金，不影响正常的工作、生活等特点。邯郸市曲周县农业局因其办公楼位置在县城规划新建的马路上，因此需对其拆迁。农业局领导经过经济和技术指标对比，决定对办公楼不予拆除而采用整体平移工艺。为此，我公司与山东建筑工程学院工程加固研究所合作，经过精心设计，周密安排，确定了一套切实可行的施工方案。目前，办公楼已整体平移就位，未出现裂缝及其他影响结构安全的问题，得到了甲方和各界人士的肯定。实践证明，同步千斤顶整体平移工法具有很好的经济效益和社会效益，应用前景广阔。

2. 特点

（1）楼房同步千斤顶整体平移工法与同类楼房整体平移工法相比，具有施工简单、操作方便、质量控制难度小、施工速度快、效益高等特点。最具特点的是楼房在整体平移前期准备工作及平移实施过程中，楼内的水、电、暖正常运行，工作人员可在楼内正常工作，为企业争取了时间，争得了效益。

（2）楼房整体平移就位后，楼房不产生裂纹和其他影响结构安全的因素。绝对保障楼房平移过程中和就位后的安全与使用功能。

（3）现代城市改建和道路拓宽过程中，常遇到一些在搬迁范围内但尚有较高使用价值以及一些具有文物价值的建筑物。运用本工法，楼房整体平移工程造价仅为原工程造价的1/3。省去了拆除费用和重建工程造价费用，大量节约资金，取得了可观的经济效益，同时也为保护古建筑与文明作出贡献。

3. 适用范围

该工法适用于建筑平面形状比较规则的一般砖混结构工程。

4. 工艺原理

先将建筑物进行加固，制作上下轨道梁，然后将建筑物在上下轨道梁之间切割，使楼体成为独立体，再通过牵引装置和滚动设备将建筑物平移到既定的位置。

5. 工艺流程

设计施工方案→施工材料、机具准备→开挖土方→新基础制作→原基础加固→滚动设备安装→牵引设备安装→楼体与基础分离→大楼整体平移→大楼整体就位→竣工处理。

6. 操作要点

（1）为提高工程施工进度，上下轨道梁混凝土中掺入水泥用量的3% NC型早强剂。割断墙体之前，上下轨道梁的混凝土强度必须达到设计强度的80%。

（2）新旧基础交接位置的处理。

剪应力大的位置，加固部分与原基础易出现滑动现象，必须用插筋连接加固，一般的交接位置，则对界面进行凿毛、清理工作，用水泥浆涂刷一遍，方可浇筑混凝土。

（3）上下轨道梁平整度的控制：

楼房整体平移工作对上下轨道梁的平整度要求很高（100m长轨道梁高度差不大于2mm），它的质量是楼房整体平移能否成功的首要因素。因此，采用DSI型高精密水准仪进行测量，使60m长的东西方向的上下轨道梁平整度控制在2mm之内，为以后楼房顺利平移创造了条件。

（4）用作钢辊的无缝钢管的管孔须用CGM灌浆料灌实，或用水泥砂浆（比例1∶2）灌实，但水泥砂浆中须掺入水泥用量的8% UEA膨胀剂，使钢辊的抗压强度达到设计和施工要求。

（5）千斤顶的位置和前边所对应的预埋件的位置上下及左右相对误差必须控制在5mm之内。

（6）楼房在平移过程中千斤顶须同步顶进。

（7）沉降观测点的设置和观测。为了及时了解楼体沉降情况，必须设置沉降观测点，沉降观测点间距、位置依楼而设。但不管什么样的楼房，楼房拐角处、高低层交接处等特殊部位均须设置沉降观测点。观测的时间以施工过程中每2d测量一次为宜。楼房整体平移就位后，观测沉降点的时间以4d一次为宜。

7. 主要机具设备

主要机具设备见表7－26。

主要机具设备表 **表 7-26**

机具名称	规格	数量	用途
水准仪	DS1	1	控制上下轨道梁平整度
经纬仪	J2	1	安装牵引设备和钢板找正
千斤顶	30t	设计数量	楼房整体平移的动力
枷具	30t	为千斤顶数量2倍	作为千斤顶的后支力座
电焊机	BX-500	2	把牵引钢筋焊接在预埋件上
钻孔机	普通	2	在柱子上钻孔，使加固钢筋穿过
切割机	普通	2	切割钢筋

8. 质量标准

除应遵守《混凝土结构工程施工质量验收规范》（GB 50204—2002）、《建筑工程施工质量验收统一标准》（GB 50300—2001）外，还应满足以下几点要求：

（1）上下轨道梁平整度的控制。上下轨道梁表面平整度必须控制在2mm之内。

（2）千斤顶在牛腿上的位置和前边对应的预埋件位置相对误差不超过5mm。

（3）楼房平移过程中千斤顶必须同步顶进。

9. 劳动组织及安全措施

（1）劳动组织：

楼房整体平移施工准备阶段的劳动组织同一般楼房建造的劳动组织，楼房整体平移过程以每个千斤顶一个小组，每组2人，一人摇动千斤顶，一个搞轨道清理工作及附近段钢辊位置摆正工作。整个现场安排1人作总指挥，4人协调为宜。另安排4人进行钢辊的续入工作。4人在楼前放置百分秒仪器，测量楼体各方向是否同步行进。

（2）安全措施：

用本工法对楼房进行整体平移时，除应按国家颁布的有关的安全规定外，根据本工法特点补充以下安全措施：

1）确保牵引设备安全系数达到3倍，以防出现意外损坏伤人。

2）在牵引钢筋外侧设置防护围板，围板高度不小于1m，楼房整体平移过程中，围观群众须离施工现场不少于10m。

3）对千斤顶操作人员进行安全和质量教育，保证千斤顶的同步顶进。

4）在楼房外围设置沉降观测点，定期观察楼房沉降情况，出现反常情况，及时处理。

10. 经济效益

楼房整体平移工法解决了楼房拆除、重建的重复投资问题，节省了时间、节约了资金，创造了可观的经济效益和社会效益。楼房整体平移成功后，我们进行了综合测算，工程造价仅为原建筑工程造价的1/3，省去了楼房拆除费和重建费，取得了很好的经济效益，而且在楼房平移施工准备阶段和平移过程中，楼内的水、电、暖正常运行，工作人员正常办公，为企业争取了时间，争创了效益。

11. 应用实例

本工法在河北省邯郸市曲周县农业局办公楼整体平移工程中首次得以使用，该办公楼主楼3层，局部4层，建筑面积2500m^2，平面形状为长方形，东西方向长60m、南北为7.56m，条形基础，砖混结构。根据要求需由东向西平移8.5m。仅用了75天时间就把该办公楼整体平移就位，大楼未出现裂缝和其他影响结构安全的因素，为社会创造了效益，为企业争取了时间，得到了甲方和各界人士的高度赞扬和肯定。

光盘目录

1 建筑工程

1.1 基础工程

- 爆破工程石方安全爆破工法
- 锚杆静压桩施工工法
- 地下工程加强带施工工法
- DX 挤扩桩桩基施工工法

1.2 模板工程

- 双向密肋楼盖塑料模壳支模工法
- 双向密肋楼板塑料模壳简易支模施工工法

1.3 钢筋与预应力工程

- 竖向钢筋电渣压力焊接工法
- 粗直径带肋钢筋套筒冷挤压连接工法
- 粗直径钢筋等强滚轧直螺纹连接工法
- 胶植钢筋连接工法
- 竖向钢筋连接跨层设置施工工法
- 钢筋保护层控制工法
- 大跨度现浇预应力钢绞线梁施工工法

1.4 混凝土工程

- 叠合箱网梁楼盖施工工法
- 粉煤灰轻质混凝土施工应用工法
- 预拌商品混凝土泵送施工工法
- GBF 高强空心混凝土施工工法

1.5 墙体工程

- 蒸压粉煤灰砖砌筑与抹面施工工法
- 加气混凝土砌块废料的再利用工法
- 石膏空心砌块墙体施工工法

1.6 屋面工程

- 金属轻质应力隔热夹芯板屋面施工工法

1.7 装饰装修工程

- 纸面石膏板吊顶施工工法
- 石膏龙骨与纸面石膏板隔墙施工工法
- 高层建筑外墙干挂花岗石板施工工法
- 机制地面施工工法
- 圆形柱面干挂花岗石施工工法
- 聚丙烯（PP）纤维混凝土楼地面垫层施工工法

1.8 脚手架工程

- 电动整体升降脚手架施工工法
- 高层建筑外装饰逆作防护施工工法

1.9 防水工程

◆ SBS 改性沥青防水卷材应用工法
◆ 氯化聚乙烯—橡胶共混防水卷材在地下防水工程中的应用工法
◆ 水泥基渗透结晶型防水涂料施工工法

2 安装工程

2.1 给排水工程

◆ 消防管道安装施工工法
◆ 污水处理成套设备安装工法
◆ 大型储罐倒装施工液压提升工法
◆ 镀锌钢管卡箍式连接施工工法

2.2 电气工程

◆ 热收缩型电缆头制作工法
◆ 应急电源安装工法
◆ 声控节能灯安装工法

2.3 弱电工程

◆ 火灾自动报警系统施工工法
◆ 长途通信金属（铝）护套接续封焊工法（无溶剂低温钎焊）

2.4 暖通与空调工程

◆ 低温热水地板辐射采暖施工工法
◆ 空调水、通风管道铝板外保层施工工法
◆ 散装胀接锅炉安装工法
◆ 电梯安装及调试工法

2.5 管道工程

◆ 交联聚乙烯管安装工法

3 节能工程

◆ 挤塑聚苯乙烯泡沫塑料板倒置式屋面保温施工工法
◆ 胶粉聚苯颗粒外墙外保温体系施工工法
◆ WPU 现场喷涂发泡防水保温层施工工法
◆ 地下室顶板保温施工工法
◆ 门窗侧壁保温防渗施工工法
◆ LBL 型复合外墙外保温施工工法
◆ 玻化微珠发泡水泥浆料内墙保温施工工法
◆ 太阳光伏发电施工工法
◆ 建筑节能技术资料的内容与编制工法

4 特殊工程

◆ 塔吊安全组装拆除施工工法
◆ 住宅厨卫变压式排气道制作与安装工法
◆ 住宅排气道安装导流式止回排气阀工法
◆ 钢管调直接长施工工法

- 机械磨管工法
- 降排水再利用工法
- 民用建筑室内有害气体检测工法
- 超高层建筑垂直度控制测量施工工法
- 混凝土裂缝采用环氧树脂补强工法

5 工程管理

- 混凝土结构平法（PIEM）施工图翻样工法
- PVC 电线配管暗敷施工质量通病消除工法
- 水落管安装质量通病消除工法
- 楼梯踏步质量通病消除工法
- 建筑企业 GB/T 19000—ISO9000 质量体系贯标工法
- 建筑企业 GB/T 19000—ISO9000 质量体系认证工法
- 建筑企业 GB/T 19001—ISO9000 质量体系运行工法
- 建筑施工管理例会与周月报工法

参考文献

[1] 本书编委会. 建筑业10项新技术（2005）应用指南. 北京：中国建筑工业出版社. 2005.

[2] 建设部施工管理司. 土木建筑工法实例选编. 北京：准印证号京字891269. 1989.

[3] 张希舜、张庆功. 技术论文与施工工法. 北京：中国文史出版社. 2005.

[4] 张希舜. 钢筋工. 北京：中国建筑工业出版社. 2003.

[5] 张希舜副主编. 建筑工程施工工长手册. 北京：中国建筑工业出版社. 2009.

[6] 张希舜. 建筑工程安全文明施工组织设计. 北京：中国建筑工业出版社. 2009.

[7] 张希舜. 建筑业科技示范工程创建指南. 济南：山东科技出版社. 2010.